烟气冷凝相变过程中硫酸雾脱除理论与技术

Theory and Technology of
Sulfuric Acid Mist Removal during Flue Gas Condensation
and Phase Transition

裴婷 著

化学工业出版社
·北京·

内容简介

本书聚焦燃煤烟气超低排放背景下SO_3/硫酸雾的深度治理难题。SO_3形成的硫酸雾气溶胶是导致设备腐蚀、蓝色烟羽和细颗粒物污染的关键。烟气冷凝相变技术可协同实现污染物脱除、水分回收和烟羽消除。本书系统阐述SO_3的生成迁移、危害及控制技术，重点通过数值模拟揭示硫酸雾凝结长大规律及换热器结构的影响，经实验验证后提出碱液喷射与湍流团聚协同脱除硫酸雾与颗粒物的创新技术，为非常规污染物治理提供重要理论依据和技术方案。

本书可供从事烟雾气溶胶污染物控制的工程技术人员参考使用，也可供高等院校相关专业师生学习与研究参考。

图书在版编目（CIP）数据

烟气冷凝相变过程中硫酸雾脱除理论与技术 / 裴婷著. -- 北京 ：化学工业出版社，2025. 11. -- ISBN 978-7-122-49386-6

Ⅰ. X701

中国国家版本馆 CIP 数据核字第 2025ND0037 号

责任编辑：彭明兰　　　　文字编辑：连思佳
责任校对：宋　玮　　　　装帧设计：刘丽华

出版发行：化学工业出版社
（北京市东城区青年湖南街 13 号　邮政编码 100011）
印　　装：北京天宇星印刷厂
710mm×1000mm　1/16　印张 9　字数 155 千字
2025 年 11 月北京第 1 版第 1 次印刷

购书咨询：010-64518888　　　　售后服务：010-64518899
网　　址：http://www.cip.com.cn
凡购买本书，如有缺损质量问题，本社销售中心负责调换。

定　　价：98.00 元

前言

烟气污染物的排放控制是能源与环境领域的核心问题，随着我国乃至全球对环境保护要求的日益严格，特别是“超低排放”技术在燃煤电厂等工业领域的全面推广与深化，烟气中的二氧化硫（SO_2）、氮氧化物（NO_x）、颗粒物（PM）等常规污染物的治理已取得显著成效，而以三氧化硫（SO_3）为代表的非常规污染物逐渐成为制约环境质量提升的新挑战。

由于 SO_3 极易与水蒸气发生化学反应并在排放到大气中时大部分转变为酸雾气溶胶状态，从而形成硫酸雾。它的强酸性、高扩散性及与细颗粒物的协同效应，对生态环境和人体健康构成多重威胁，因此，开发高效、经济的 SO_3 控制技术，已成为实现真正意义上的“近零排放”和解决当前突出环境问题的迫切需求。

在众多的控制技术中，烟气冷凝相变技术展现出独特的优势。该技术通过冷却烟气，使其中的水蒸气发生相变凝结，一方面可以回收大量的潜热与水分，实现节能节水；另一方面，能促使亚微米级的硫酸雾气溶胶通过凝结长大成为更易被捕集的微米级液滴，从而被高效脱除，可谓“一举多得”。尽管该技术原理清晰、潜力巨大，但其内在的物理化学过程极为复杂，涉及多组分、多相流与传热传质的强耦合，其核心机理，如硫酸雾的凝结长大规律，以及在不同换热器结构中的脱除特性等，尚有待深入研究与量化表征。

为应对上述挑战，推动该技术从原理走向实践，本书系统梳理了国际上 SO_3 污染控制的前沿研究进展，并重点呈现了编者在“烟气冷凝相变过程中硫酸雾脱除”这一方向上的系列研究成果。全书从 SO_3 的生成与迁移特征入手，夯实理论基础；进而利用数值模拟手段，精细刻画了深冷条件下硫酸雾的凝结长大动力学，并对比评估了多种换热器结构的性能优劣；通过搭建实验平台，验证了数值模型的可靠性，并揭示了关键运行参数的影响机制；最后，着眼于技术强化与协同控制，创新性地提出了碱液喷射与湍流团聚等耦合技术，探索了硫酸雾与颗粒物协同脱除的新路径。

作者希望，本书所阐述的理论、方法与实践成果，能够为从事能源、环保、化工等领域，特别是专注于烟气净化和气溶胶控制的科研人员、工程技术人员以及高校师生提供有益的参考和启示。

由于作者学识与研究深度所限，书中疏漏与不足之处在所难免，恳请各位专家和广大读者不吝赐教。

著　者

2025 年 9 月于太原

目录

第1章

绪论

1.1 燃煤电厂 SO_3/硫酸雾生成及迁移特征

1.1.1 炉膛内 SO_3 生成

煤中的硫主要由黄铁矿和部分有机组分组成。在煤燃烧过程中，煤中几乎所有的硫都被氧化成了气态 SO_2，仅有一小部分 SO_2 被进一步氧化成 SO_3。SO_3 在炉内的生成非常复杂，与锅炉的燃烧方式、燃料成分、运行参数等密切相关。炉内 SO_3 的生成主要通过非均相反应和气相均相反应。

气相均相反应生成的 SO_3 约占炉内 SO_3 总量的 60%[1]。在炉内氧气过量时，燃烧区域一部分氧气（O_2）会转化为 O 自由基，Hindiyarti 等认为以下 4 个反应为 SO_3 生成的最主要的反应[2]。

$$SO_2 + O(+M) \rightleftharpoons SO_3(+M) \tag{1-1}$$

生成的 SO_3 同时又会与 H 自由基发生如下反应而分解。

$$SO_3 + H \rightleftharpoons SO_2 + OH \tag{1-2}$$

通过中间产物 $HOSO_2$ 产生 SO_3 的反应如下。

$$SO_2 + OH(+M) \rightleftharpoons HOSO_2(+M) \tag{1-3}$$

$$HOSO_2 + O_2 \rightleftharpoons SO_3 + HO_2 \tag{1-4}$$

均相反应下 SO_2 生成 SO_3 的转化率取决于 SO_2 的浓度、O_2 的浓度、气相温度、含水量和其他反应气体的存在[3,4]。

SO_3 的形成与 SO_2 的浓度关系密切，SO_2 的浓度取决于燃料含硫量和燃烧条件，高含硫量会导致高的 SO_2 浓度，从而导致高的 SO_3 浓度。富氧燃烧产生的 SO_3 浓度约为空气燃烧的 3 倍[5,6]，在富氧燃烧条件下，当煤中硫含量为 3.3%时，SO_3 浓度高达 200×10^{-6}。较高的 O_2 浓度有利于 SO_3 的生成，SO_3 的生成速率随着氧含量的增加而增大[7,8]。

温度对 SO_3 的生成也有较大影响。反应（1-1）在温度超过 877℃时发生，反应（1-3）和反应（1-4）的发生温度范围为 727～927℃。当温度低于 527℃时，没有 SO_3 生成[9]。对于燃煤循环流化床而言，SO_3 的生成量对床层温度的依赖性较弱。

烟气中的一些活性气体如一氧化氮（NO）、一氧化碳（CO）和甲烷（CH_4），通过增加气相中的自由基浓度促进 SO_3 的生成[10]。

在 NO 存在的情况下，直接和间接的相互作用促进了 SO_3 的形成。间接相互作用影响自由基浓度，并可能影响 SO_3 的产生。当温度在 1300K 以下时，通过以下反应生成的 OH 自由基会增多：

$$NO+HO_2(+M)\rightleftharpoons NO_2(+M) \tag{1-5}$$

NO_x 与 SO_x 之间的反应为

$$SO_2+NO_2\rightleftharpoons SO_3+NO \tag{1-6}$$

随着 CO 进口浓度的增加，反应器中 SO_3 的生成量增加。与无 CO 条件下相比，SO_3 的生成量明显增加。高 SO_2 气体条件与高氮气（N_2）气体条件相比，O 和 OH 自由基的生成量更高，从而导致 SO_3 的生成量增加[11]。

气相中含水量增加会导致 O 和 OH 自由基浓度增加，因此促进了 SO_2 向 SO_3 的转化。

通过非均相反应生成 SO_3 也是 SO_3 生成的一种重要形式，反应式如下。

$$SO_2+O(+M)\rightleftharpoons SO_3(+M) \tag{1-7}$$

“M”为能够起到催化反应的物质，SO_3 生成量取决于 SO_2 浓度、过量空气水平、灰分含量和组成、气体和管道表面温度分布以及对流通道表面积。粉煤灰中存在多种碱性物质，如氧化铁（Fe_2O_3）、氧化铝（Al_2O_3）、氧化铜（CuO）和五氧化二钒（V_2O_5）等，这些物质能够加速 SO_3 的生成反应[12,13]。这些碱性物质也可能存在于锅炉管壁上的氧化物垢中，粉煤灰和管垢中含有大量的 Fe_2O_3，可能是燃煤锅炉中 SO_3 形成的主要催化剂。在无粉煤灰的 700℃下进行均相反应，约0.1%的 SO_2 转化为 SO_3，添加粉煤灰后，转化率提高到1.8%[13]。

SO_3 还可通过与存在于粉煤灰中的碱金属氧化物［例如氧化钙（CaO）、氧化镁（MgO）、氧化钠（Na_2O）和氧化钾（K_2O）等］发生反应而被消耗[14]。

在锅炉实际运行中，受燃料、氧气、锅炉清洁度以及其他一些参数的影响，SO_2/SO_3 的转化率介于0.5%～2%之间[15]。

1.1.2 选择性催化还原脱硝系统（SCR）内 SO_3 生成

从20世纪70年代起，SCR脱硝技术因其高脱硝效率、较低运行成本及受燃料类型局限性小等优点，被广泛应用于国内外的燃煤电厂烟气脱硝工程中。SCR脱硝技术的核心是催化脱硝反应过程中所使用的催化剂，目前普遍采用五氧化二钒/二氧化钛（V_2O_5/TiO_2）基催化剂，但 V_2O_5 对 SO_2 的氧化具有一定的催化作用，导致 SO_3 总量增加了约1倍。反应速率 α 与催化剂的组成和运行参数有关，表达式如下[16]。

$$\alpha=\frac{K}{\mathrm{AV}} \tag{1-8}$$

式中 K——比例常数，与催化剂类型、材料和烟气性质有关；

AV——烟气体积流量与催化剂表面积的比值，表明转化率与催化剂体积和气体在催化剂中的停留时间成正比。

V_2O_5-WO_3/TiO_2 和 V_2O_5-MoO_3/TiO_2 是最常用的商用SCR催化剂，其中 V_2O_5 为其活性组分，三氧化钨（WO_3）和三氧化钼（MoO_3）为催化助剂，TiO_2 为载体[17,18]。SO_3 的生成量取决于催化剂中 V_2O_5 的含量。商业SCR催化剂上的 SO_2 转化率一般介于0.5%～2%之间[19]。烟气中煤燃烧产生的钒在经过SCR系统时会沉积到催化剂表面，在长期运行过程中，催化剂表面的钒逐渐累积增加，从而提高了催化剂对 SO_2 氧化的催化活性[20]。此外，温度对 SO_2/SO_3 转化率也有很大影响[21]。有实验结果表明，当SCR入口温度提高20℃（从380℃升高到400℃），SO_2/SO_3 转化率从0.8%提高到1.1%。SCR中的还原剂氨气（NH_3）对 SO_3 的生成也有显著影响，NH_3 减少会导致 SO_3 生成增加，因为有更多的活性位点用于 SO_2 氧化而不是SCR反应。SO_2/SO_3 转化率与锅炉负荷也有关系，在较低负载和较低气速下，由于催化剂表面的暴露时间延长，导致转化率增加[22]。

1.1.3 燃煤电厂 SO_3 迁移特征

SO_3 具有很高的活性，极易与烟气中的水分反应转变为气态 H_2SO_4，反应式如下所示。

$$SO_3(g)+H_2O(g) \longrightarrow H_2SO_4(g) \tag{1-9}$$

如图 1-1 所示，烟气按横坐标的顺序依次流过设备，随着烟气温度降低到 400℃以下，气态 SO_3 开始向气态 H_2SO_4 转变，当温度低于 200℃时，在具有一定湿度的烟气中，几乎所有的 SO_3 都转变为 H_2SO_4[23,24]。H_2SO_4 可以与 SCR 系统逃逸的 NH_3 反应，当 H_2SO_4 过量时，反应生成硫酸氢铵（NH_4HSO_4）；当 NH_3 过量时，反应生成硫酸铵［$(NH_4)_2SO_4$］，反应方程式如下。

$$NH_3+SO_3+H_2O \longrightarrow NH_4HSO_4 \tag{1-10}$$

$$2NH_3+SO_3+H_2O \longrightarrow (NH_4)_2SO_4 \tag{1-11}$$

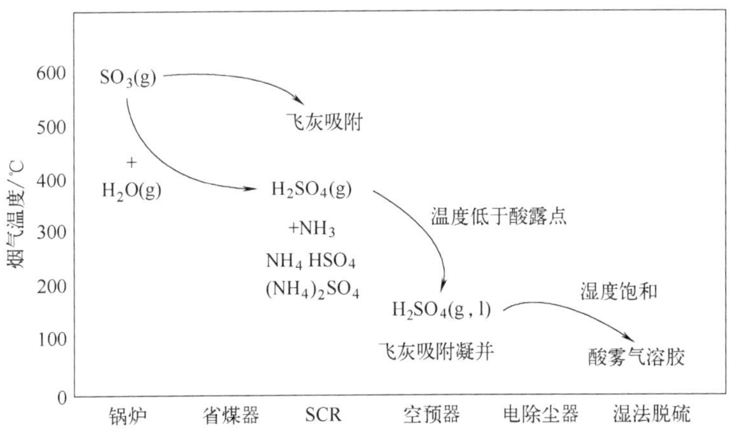

图 1-1 燃煤电厂 SO_3 状态随烟气温度的变化

NH_4HSO_4 为具有一定黏性和腐蚀性的颗粒物，覆盖在催化剂表面的活性位点易导致催化剂失活，沉积在预热器表面会造成堵塞和腐蚀[25]。当烟气温度逐渐降低到酸露点以下时，烟气中的 H_2SO_4 蒸气会冷凝形成硫酸雾。酸露点取决于烟气中 H_2SO_4 蒸气和水蒸气分压[26,27]。烟气湿度越大，酸露点越高。SO_3 浓度越高，酸露点越高。在燃煤电厂，酸露点通常介于 95～160℃。

空气预热器进口烟气温度通常介于 316～371℃，出口烟气温度介于 110～150℃。即，如果空气预热器内壁面温度低于酸露点，硫酸蒸气会在壁面凝结成酸液滴。现场测试数据表明，约 40％的 SO_3 在空气预热器内由于冷凝沉积被移除[28]。另外，一部分 SO_3 也会被烟气中的飞灰吸收，随后被电除尘器脱除。常规电除尘器入口烟气温度一般在 120～130℃，SO_3 以硫酸蒸气或硫酸雾的形式存在，会附着在飞灰颗粒表面或吸附到缝隙内，吸收率取决于烟气温度、H_2SO_4 浓度和飞灰性质等[29]。常规电除尘器（ESP）对 SO_3 的脱除效率较低，仅为 10%～15%[30]。

石灰石/石膏湿法脱硫（WFGD）工艺是目前应用非常广泛的一种烟气脱硫技术。在脱硫塔内，烟气经过洗涤后，温度迅速下降，湿度增加至饱和状态。SO_3 以气态 H_2SO_4 的形式进入脱硫塔，硫酸蒸气快速发生 H_2O-H_2SO_4 二元成核，形成亚微米级的酸雾气溶胶，并在塔内迅速团聚长大。湿法脱硫过程中酸雾气溶胶的形成和生长是一个非常复杂的过程。Gooch 等[31] 试验发现，经石灰石-石膏法脱硫后微粒浓度的增加主要是由于形成硫酸雾所致。德国卡尔斯鲁厄理工学院的 A. Wix 等[32,33] 对烟气洗涤吸收过程中硫酸雾的形成特性进行了数值模拟研究。模拟得出在典型的工业烟气洗涤吸收过程中，当进口烟气中 H_2SO_4 浓度为 5mg/m^3 时，形成的硫酸雾数量浓度高达 10^{16} 个/m^3，粒径大小集中在 20～100nm。随着进口烟气中 H_2SO_4 浓度增加，形成的硫酸雾数量浓度下降，粒径增大。粒径较小的硫酸雾（＜20nm）需要相当高的烟气过饱和度才能长大。随后，该研究团队又同时进行了烟气洗涤吸收净化过程中硫酸雾的形成和长大中试试验及模拟研究[34,35]，实验和理论结果都表明，洗涤塔内形成的硫酸雾数量浓度很高，粒径很小，在洗涤塔短暂的停留时间内很难沉淀。硫酸雾主要通过均相成核形成，粒径属于亚微米级，在洗涤塔内能够凝结长大到 30～75nm。只有在较低的入口 H_2SO_4 浓度（2～10mg/m^3）下，硫酸雾形成过程中才会发生非均相成核。实际湿法烟气脱硫过程中硫酸雾的形成要比数值计算模型复杂得多，其他因素如 SO_2 浓度、粉煤灰成分和脱硫塔运行参数等，对生成的硫酸雾数量浓度、直径大小都会有影响，对塔内硫酸雾的脱除也会有影响。一般情况下，约有不足 30%的硫酸雾被石灰石浆液吸收而脱除，大部分硫酸雾以亚微米级气溶胶的形式从脱硫塔中逃逸[15]。

1.2 SO_3/硫酸雾危害及排放限值要求

1.2.1 SO_3/硫酸雾危害

（1）酸露点升高

酸露点温度是烟气中 SO_3 和水蒸气生成 H_2SO_4 并凝结在管壁时的温度，与 SO_3 浓度呈正相关。烟气中 SO_3 浓度增加，酸露点就相应升高。一般来说，空气预热器的出口温度应比酸露点高15℃左右[36]。为了避免烟气中的酸性气体凝结在烟道内壁造成烟道腐蚀，就要适当调高空气预热器的排烟温度[37]。这就导致了锅炉的热效率降低，从整体上造成能源的浪费。

(2) 排烟不透明

当脱硫湿烟气排出烟囱之后，由于烟气中的亚微米粒径硫酸雾直径很小，对光线产生瑞利散射，散射强度与波长的4次方成反比[38]，颗粒直径越小，对于短波长的散射越强，因此使得烟羽呈现蓝色，而在烟羽的另一侧会呈现黄褐色，蓝烟与黄烟实际上是一个问题。烟羽的颜色和不透明度（浊度）取决于气溶胶的浓度和大小、太阳光的角度、烟气的温度及大气环境条件[39]。当烟气中的硫酸雾体积浓度在5～10mL/m^3（SO_3体积浓度1mL/m^3相当于质量浓度36mg/m^3）时就可能出现蓝色烟羽，并导致烟气不透明度大于50%，对燃煤电厂周边生态环境产生不利影响。硫酸雾的浓度越高，颜色越浓，而且烟羽的长度也越长，严重时甚至可以落地[40]。含有硫酸雾的烟羽在烟囱附近沉降，还会对建筑物和植被造成破坏[41]。

(3) 设备腐蚀和堵塞

烟气中SO_3是设备腐蚀和堵塞的主要诱因，其以硫酸雾的形式存在更是给烟道金属部件等的防腐带来了挑战。当烟温降至H_2SO_4的露点以下时，SO_3和烟气中的水分反应生成的H_2SO_4会凝结在空气预热器、静电除尘器、烟道等设备的壁面上，造成设备腐蚀[42]。选择性催化还原脱硝系统中逃逸的NH_3与SO_3反应生成NH_4HSO_4，容易在空气预热器低温段换热元件表面及尾部环保设施中沉积，从而导致设备堵塞，增加引风机的功率消耗，严重时必须停炉清理。如果烟气中的SO_3含量较多，凝结的硫酸雾加上硫酸铵和硫酸氢铵对设备的腐蚀，将严重影响空气预热器的寿命[43]。此外，硫酸雾也会造成严重的烟囱腐蚀。

(4) 危害生态环境和人体健康

相关研究表明，硫酸雾排入大气形成的硫酸盐颗粒，是$PM_{2.5}$的重要前体物之一，硫酸雾随烟羽排放到大气中会加重雾霾污染，对人体健康具有潜在的危害[44]。有研究表明，在暴露于400μg/m^3或更高浓度的硫酸雾的情况下，哮喘患者会出现黏膜纤毛清除率的变化和适度的支气管收缩。与仅暴露于典型周围环境中的硫酸雾的影响相比，更令人担忧的是暴露于硫酸雾与微细颗粒物、重金属等其他有害物质凝并后的复合颗粒环境中。

1.2.2 国内外燃煤电厂SO_3/硫酸雾排放限值要求

为解决SO_3污染问题，部分发达国家已将SO_3作为排放指标纳入排放控制。如美国已有22个州对燃煤电厂产生的SO_3提出了排放限值要求，其中有14个州的排放限值低于6mg/m^3，佛罗里达州最为严格，排放限值为0.6mg/m^3。日本将硫酸雾作为颗粒物进行排放限制，东京的硫酸雾排放限值为1mg/m^3。德国规定燃煤电厂的SO_x排放限值为50mg/m^3。新加坡规定SO_3排放限值为10mg/m^3[45]。

近年来，我国部分地方政府也日益关注到燃煤电厂SO_3排放控制问题，国家层面已有多项政策文件明确了协同控制SO_3的要求，部分地方或行业标准已经将SO_3作为排放指标纳入管理。2015年，上海市发布地方标准[46]《大气污染综合排放标准》（DB 31/933—2015），规定硫酸雾排放限值为5mg/m^3。2018年，杭州市发布《锅炉大气污染物排放标准》，规定现有燃煤热电锅炉执行10mg/m^{3}的SO_3的排放限值。2019年，乌鲁木齐市出台《火电厂大气污染物排放标准》，规定燃煤锅炉执行5mg/m^{3}的SO_3的排放限值。2019年，生态环境部等10部委与北京、天津等六省市联合发布《京津冀及周边地区2019—2020年秋冬季大气污染综合治理攻坚行动方案》，指出要协同控制SO_3等污染物排放。此外，国内部分地区也陆续对燃煤电厂有色烟羽提出了控制要求，2017年上海市发布了《上海市燃煤电厂石膏雨和有色烟羽测试技术要求（试行）》[47]，2018年浙江省发布《燃煤电厂大气污染物排放标准》（DB 33/2147—2018）等[48]。

1.3 燃煤电厂SO_3/硫酸雾排放控制技术

随着SO_3的问题日益严重，国内外学者逐渐开展了大量关于如何控制燃煤烟气中SO_3/硫酸雾排放的研究。但由于硫酸雾粒径很小，同时在烟气中的体积分数很低，传统脱硫和除尘设备很难有效控制其排放，因此，国内外学者提出了一些新的控制方法。目前SO_3控制主要通过两种途径：一是利用现有污染物脱除设备协同脱除SO_3，主要包括低低温电除尘系统、湿法脱硫、湿式电除尘器（WESP）等；二是新型技术，如碱基喷射技术和烟气冷凝相变技术。

1.3.1 炉内燃烧生成控制

炉内SO_3的生成主要取决于炉内温度和自由基氧原子浓度。燃烧温度越高，则自由基氧原子越多，平衡将向生成SO_3的方向移动，SO_3的浓度也会升高。此外，炉内生成的SO_3量还取决于燃煤硫分、锅炉类型、燃烧工况等条件，燃用高硫煤可使SO_3达到（30～40）$\times 10^{-6}$甚至更高[49]。

由于炉内 SO_3 生成过程及影响因素较为复杂，针对炉内 SO_3 生成控制方面的手段较为缺乏。最直接有效的控制手段是控制燃煤硫分，从而减少在炉膛内或 SCR 脱硝中生成的 SO_3 量，但燃用低硫煤的可行性还取决于低硫煤供应对发电企业生产经营的影响。研究表明，在合理控制锅炉燃烧效率的前提下，降低燃烧温度与过量空气系数也有利于抑制 SO_3 的生成[5]。目前，燃煤锅炉为抑制 NO_x 生成而采用的空气分级燃烧或浓淡燃烧法等低氮燃烧技术，可形成炉内富燃料燃烧的还原性气氛，也有助于降低炉膛中 SO_3 的生成[50]。

1.3.2 SCR 脱硝生成控制

控制脱硝系统的 SO_2/SO_3 转化率可以有效减少 SO_3 的生成。当前在工程应用中，商用脱硝催化剂一般通过调整催化剂配方来控制 SO_2/SO_3 转化率[51]。例如，在高烟温工程中一般通过降低催化剂 V_2O_5 含量来控制 SO_2/SO_3 转化率，但相应也会造成催化剂体积的增大[52]。目前，在工程应用中一般蜂窝式催化剂 V_2O_5 含量控制在 1.3% 以内，平板式催化剂 V_2O_5 含量控制在 3% 以内[53]。此外，研究表明在催化剂中添加氧化钇（Y_2O_3）、二氧化锗（GeO_2）、氧化镍（NiO）、氧化钡（BaO）、三氧化钼（MoO_3）等助催化剂成分也会减弱 SO_2 在催化剂表面的吸附能力，抑制 SO_2 的氧化活性[54,55]。Kwon 等[56] 研究表明 MoO_3 能够有效抑制 SO_2 与 V═O 的反应，减少 SO_2 在催化剂活性位上的吸附，从而抑制 SO_2 的氧化。Busca 等[57] 研究表明 MoO_3 的添加能够抑制催化剂表面酸性位点的硫酸化，从而降低催化剂的 SO_2/SO_3 转化率，同时对催化剂砷（As）中毒也有一定的延缓作用。Kobayashi 等[58] 与 Lu 等[59] 均发现，二氧化硅（SiO_2）的添加可以增加 V_2O_5/TiO_2 基脱硝催化剂表面的酸位点，提升催化剂的低温活性并降低催化剂的 SO_2/SO_3 转化率。

除调整催化剂配方外，与 NO_x 的催化还原受到扩散速率的限制不同，SO_2 在催化剂活性位上的氧化反应速率远低于其在催化剂孔隙中的扩散速率。因此，NO_x 的还原主要发生在催化剂表面 75～100μm 厚度以内，而 SO_2 氧化则发生在催化剂壁厚内，即对于脱硝反应而言，仅催化剂表层的活性物质发挥催化作用，而对于 SO_2 氧化反应而言，催化剂孔壁内所有活性物质均可发挥催化作用[60]。因此，通过增加催化剂比表面积、降低催化剂壁厚可以控制 SO_2 的体积反应，从而降低 SO_2/SO_3 转化率，但同时应保证催化剂的机械强度和耐磨损性能，这也是当前脱硝催化剂的重要研发方向[61]。

针对实际运行中的催化剂 SO_2/SO_3 转化率变化，由于在催化剂使用过程中会出现活性组分流失、孔隙率降低、比表面积减小以及烟气中的钾（K）、砷（As）、磷（P）等元素沉积等问题，导致催化剂活性降低，脱硝效率和 SO_2/SO_3 转化率也随之降低[62]。此外，在实际运行中，由于机组负荷的变化，催化剂的 SO_2/SO_3 转化率会同时受到运行烟温、烟气停留时间、喷氨量等因素的影响。李高磊等[63] 在某 340MW 燃煤机组上的现场试验研究表明，当机组负荷由 50%升至 70%时，随着烟温的升高，催化剂活性提高，SO_2/SO_3 转化率也随之提高，说明此时烟温的影响大于烟气停留时间的影响，而当机组负荷由 70%升至 100%时，温度不再是限制因素，由于烟气停留时间以及喷氨量的增加，停留时间以及 NH_3 与 SO_2 竞争吸附的影响占据主导作用，SO_2/SO_3 转化率将会降低。

1.3.3 电除尘器与低低温电除尘技术

普通电除尘器也能够脱除一部分 SO_3，电除尘器的基本原理是利用电能捕集烟气中的粉尘，其脱除 SO_3 主要依靠飞灰对 SO_3 的吸附作用。飞灰与 SO_3 相互作用的基本机制有两种，当烟温在酸露点之上时，SO_3 以气态 SO_3 或气态 H_2SO_4 形式存在，与飞灰中的碱性成分发生化学反应进而被吸收或被残余碳吸附，而当烟温降至酸露点以下时，SO_3 将以硫酸的形式凝结在飞灰表面[64,65]。美国 EPA 研究表明，电除尘器对 SO_3 的脱除与飞灰中的碱含量、硫酸雾颗粒大小、烟气温度等有关[66]。赵海宝等[67] 研究表明，电除尘器对 SO_3 脱除效率通常在 20%左右，具体取决于烟气温度和飞灰成分等条件。还有研究表明，在 ESP 前对烟气进行增湿可使 H_2SO_4 凝结、长大生成大粒径的硫酸雾并被烟气中飞灰所吸附，从而在电除尘器中被脱除[14,68]。在烟气增湿的同时，还可喷入碱性吸收剂，如氢氧化钙 [$Ca(OH)_2$]，一方面为 H_2SO_4 的冷凝和长大提供载体，另一方面可以中和形成的 H_2SO_4，避免烟道和设备的腐蚀[69]。

低低温电除尘技术是指在常规电除尘器前设置烟气冷却器，使烟气温度降低至 90℃左右后再进行除尘的烟气处理技术。脱除原理为：烟气通过换热器后温度降至酸露点以下，烟气中的硫酸蒸气冷凝成微细酸雾滴，通过与颗粒物碰撞接触吸附在粉尘表面，并与粉尘表面的碱金属物质发生中和反应，随后与颗粒物一起被电除尘器脱除。烟气中高浓度烟尘的较大表面积为硫酸雾吸附提供了很好的条件，同时硫酸雾在颗粒物表面沉积，能够促进颗粒团聚，并能够使粉尘比电阻降低，大幅提高除尘效率。

20 世纪 70 年代，澳大利亚 Liddell 电厂首次将 5 台电除尘器中的 3 台改造成为低低温电除尘器，用于处理燃用低硫煤种的500MW机组锅炉烟气，该技术的优良性能得到验证。丹麦Ensted电厂把电除尘器入口的烟气温度降至105℃左右，结果发现，降温后的电除尘器具有更好的除尘性能。日本从20世纪90年代开始应用低低温电除尘技术。三菱重工[70]从1997年开始在大型燃煤火电机组中应用低低温电除尘技术，电除尘器入口温度保持在90℃左右，测得出口烟尘浓度小于30mg/m^3，SO_3浓度大多数低于3.57mg/m^3。郦建国[71]对低低温电除尘低温腐蚀问题进行了讨论，当灰硫比高于10时，低温腐蚀率几乎为零，但高硫煤工况未见工程应用。张绪辉[72]通过实验发现，在相同SO_3含量为20×10^{-6}时，当灰硫比由50增至200时，脱除效率可由大约32%增至87%，但由于SO_3可黏附在粉尘上并被碱性物质吸收中和，导致收集下来的飞灰流动性变差，因此灰斗卸灰角度需大于常规设计。胡斌[73]采用燃煤热态试验系统，试验考察了普通电除尘器与低低温电除尘器中细颗粒的粒度变化特性，以及低低温电除尘器入口烟温、烟气中SO_3浓度等对细颗粒与SO_3脱除性能的影响。结果表明，低低温电除尘中存在颗粒凝结长大现象，出口颗粒物粒度高于普通电除尘，适当降低入口烟温，有利于增强低低温电除尘对细颗粒物与SO_3的脱除。Sun等[74]在固定床实验台上测试了低低温系统中SO_3的脱除效率，结果表明温度低于酸露点40℃时SO_3脱除效率达到最大值，脱除效率随着灰硫比的增加而增加，而当温度较低时，灰硫比的影响较弱。

由于低低温电除尘器运行温度低于酸露点温度，导致烟尘性质发生了很大改变，由此产生了阴极线材料、人孔门及周围区域的腐蚀，二次扬尘、灰斗腐蚀、堵灰、绝缘子室结露等各种问题，高压放电也会导致部分SO_2氧化为SO_3，加重除尘器的腐蚀。此外，由于烟尘性质的改变，不能用常规的选型方法和经验对低低温电除尘器进行选型设计，因此，该技术仅适用于中低硫煤种，在国内仍处于试验阶段。

1.3.4 袋式除尘器

袋式除尘器包括布袋除尘器与电袋除尘器，工作原理是利用滤布纤维及其表面形成的粉尘层对烟尘的碰撞拦截作用来除尘，具有除尘效率高、烟尘排放浓度低的特点。近年来为满足超低排放要求所开发的超净滤袋技术能够做到将除尘器出口烟尘浓度控制在10mg/m^{3}以下。由于袋式除尘器在运行过程中会在滤袋表面形成一层天然的飞灰饼层，因此SO_3经过粉饼层的过程与穿透固定床吸附剂的过程类似，在物理吸附和化学吸附的双重作用下，飞灰饼层将SO_3捕集，达到脱除的目的。相比于物理吸附，化学吸附更加高效、稳定，作用更加明显，同时生成稳定的金属盐成分可以避免脱附现象的出现。由于需要依靠飞灰对 SO_3 的吸附作用，袋式除尘器脱除 SO_3 的能力会受到飞灰中碱金属组分与含量的影响[75,76]。飞灰中所含有的碱性氧化物如 Na_2O、K_2O、Al_2O_3、CaO、MgO、Fe_2O_3 等，对 SO_3 都具有一定的化学吸附作用[77]。

关于袋式除尘器的 SO_3 脱除性能方面，Sporl 等[78] 研究结果表明，袋式除尘器对 SO_3 的脱除效率为 44%～80%，但未对影响因素进行深入分析。美国 Babcock & Wilcox 公司的研究也表明，袋式除尘器能够达到 40%左右的 SO_3 脱除效率，具体与烟气温度、滤袋材质、酸露点以及飞灰成分相关，通过前置碱性吸收剂喷射，可使 SO_3 脱除效率达到 90%[79]。Moretti 等[80] 研究表明，袋式除尘器对 SO_3 的脱除能力随入口 SO_3 浓度升高而降低，一方面是由于 SO_3 在飞灰饼层上的停留时间有限，另一方面是由于飞灰饼层吸收 SO_3 的饱和量有限。总体而言，目前工程应用中普遍未明确要求袋式除尘器协同脱除 SO_3，相关的研究或测试结果报道也较少，有关袋式除尘器的 SO_3 脱除机理及影响因素仍有待进一步研究。此外，袋式除尘器运行过程中需间歇清灰，也可能会对其 SO_3 脱除性能产生影响。

1.3.5 湿法脱硫

石灰石-石膏湿法烟气脱硫，由于具有脱硫效率高、系统运行稳定、吸收剂来源便捷等特点，是当前最主流的烟气脱硫工艺。湿法脱硫系统对 SO_2 的脱除效率能够达到 99%，对烟气中的 SO_3 也有一定的协同脱除能力。在脱硫塔内，脱硫浆液与硫酸雾之间的传质作用主要依靠热泳、电泳、布朗扩散、惯性碰撞、重力沉降等作用实现，而对于亚微米级的硫酸雾，斯托克斯数很小，烟气跟随性好，硫酸雾的主要传质方式被认为是传质速率很慢的布朗扩散，因此硫酸雾容易从脱硫塔逃逸。此外，脱硫塔入口烟气温度较高，脱硫浆液滴在脱硫塔内会发生蒸发，蒸发产生的远离浆液滴的斯蒂芬流会将硫酸雾推离浆液滴，不利于酸雾滴的捕集。

根据相关文献报道，美国 EPRI[81] 曾对 12 台燃煤机组 WFGD 系统协同脱除 SO_3 能力进行了测试，结果表明，喷淋空塔 WFGD 系统脱除 SO_3 效率为 29%～78%，而喷淋托盘塔 WFGD 系统为 11%～60%。不同配置的 WFGD 系统 SO_3 脱除效率随着液气比及入口烟尘浓度的增加而增加，而随着入口烟温的升高而减小。美国 Babcock & Wilcox 公司报道，不同 WFGD 系统的 SO_3 脱除效率在 30%～75%的较宽范围内，并指出部分机组即使在相似运行条件下，

SO_3 脱除性能差异仍较大[79]。Zheng 等[82] 通过实验研究了湿法烟气脱硫系统中 SO_3 的协同脱除特性，SO_3 脱除效率介于 20%～55%，粒径为 0.1～0.5μm 的硫酸雾在 WFGD 系统中相对难以脱除，增加液气比和 SO_3 浓度有利于 SO_3 的脱除，而增大表观速度、烟气温度和浆液温度则对脱除产生了负面影响。东南大学潘丹萍等[83～85] 通过中试实验系统研究了烟气特性对 WFGD 系统中 SO_3 脱除的影响，结果表明：脱硫塔入口烟气温度升高会导致硫酸雾的脱除效率降低，当入口温度低于酸露点时，下降更为明显；对两家燃煤电厂湿法脱硫系统前后硫酸雾和细颗粒物进行了测试分析，结果表明双塔 WFGD 系统对细颗粒物和硫酸雾的脱除效率明显高于单塔系统，单塔、双塔 WFGD 系统对燃煤烟气中硫酸雾的脱除效率范围分别介于 30%～40%、50%～65%。由于硫酸雾粒径小，现有的脱硫工艺难以有效控制硫酸雾排放，而多塔串联的方式虽然能够提高硫酸雾脱除效率，但工艺复杂，占地面积大，运行功耗显著增加。

1.3.6 湿式电除尘器

湿式电除尘器是烟气终端治理的核心设备，一般安装在烟囱前，能够协同脱除颗粒物和硫酸雾。它的工作原理与常规干式电除尘器相同，由于放电区域存在大量水雾，强化了空间荷电，在相同的放电电压条件下，可实现更高的二次电流，促进包括硫酸雾在内的细颗粒物有效荷电与凝聚，能够解决常规干式电除尘器针对 0.1～1.0μm 颗粒物电场荷电、扩散荷电能力较弱的难题[86]。此外，由于湿式电除尘器收尘极被水膜覆盖，不会因振打引起二次扬尘，且湿式电除尘器放电极产生的强电晕电场使电场中增加了大量带电雾滴，大大增加亚微米硫酸雾粒子带电碰撞和捕集的概率[87,88]。除硫酸雾外，低电阻率和高输入电压能够增强亚微米级颗粒的收集能力，因此，湿式电除尘器能够解决传统干式电除尘器无法解决的问题，例如控制硫酸雾、气溶胶、汞等重金属的排放[89,90]。

1907 年，Cottrel 博士首次设计了湿式静电除尘器，并用于去除炼铜炉中烟气的硫酸雾[91]。此后，该技术被广泛应用于冶金行业和硫酸行业，并于 1986 年首次应用于燃煤电厂[92]。2001 年，美国第一能源公司所属的 BMP 电站将湿式静电除尘器安装在湿法烟气脱硫系统出口，运行结果表明，湿式电除尘可有效促进燃煤烟气中硫酸雾、细颗粒物和汞的脱除[93]。日本三菱公司针对燃油、燃煤和油煤混合燃烧等 25 个燃用高硫分燃料的电厂进行了金属极板湿式电除尘器应用总结，提出针对高硫分燃料应采用多级电场配置的湿式电除尘器以保证污染物去除效率，当入口 SO_3 浓度为 60×10^{-6} 时，WESP 出口 SO_3 浓度可控制至 1×10^{-6} 以下[94]。湿电场中硫酸雾脱除与湿电场的电场参数密切相关，相关实验研究表明，湿式电除尘器前预荷电装置的供电电压从 0 提高到 16kV，湿电场对 SO_3 脱除效率可从 27.9%提高到 82.4%[95]。Huang 等[96] 研究表明 WESP 内会产生超细的硫酸雾气溶胶，随着外加电压的增加，硫酸雾数量显著增加，认为 WESP 内部的等离子体诱导 SO_2 氧化是超细硫酸雾形成的主要原因；增加烟气流速能够提高硫酸雾气溶胶的控制性能。Yang 等[97] 对 WESP 脱除硫酸雾的性能进行了中试试验，认为 WESP 对燃烧高硫含量燃料的系统可能不太有效，当 WESP 入口 SO_3 浓度增加时，脱除效率从 74.5%降到了 54.2%。根据某 660MW 燃煤电厂的测试，当 SCR 系统出口 SO_3 浓度约为 140mg/m^3 时，烟囱排放的 SO_3 浓度超过 20mg/m^3，并且观察到 WESP 中电晕减少现象严重[98]。

由于硫酸雾颗粒粒径很小，当 SO_3 浓度过高时，反而会引起湿电场的电源运行参数下降[99,100]。此外，湿式静电除尘器通常存在易腐蚀、废水处理难、占地面积大等问题，同时设备投资和运行成本较高，这在一定程度上制约了该技术在燃煤烟气硫酸雾脱除上的应用范围。

1.3.7 碱基喷射技术

国外自 21 世纪初就已开展了碱性吸收剂喷射脱除 SO_3 的应用研究。该技术的原理是烟气中的 SO_3 通过与碱性吸收剂反应，生成固体硫酸盐颗粒，随后通过除尘设备脱除。目前，碱性吸收剂喷射脱除 SO_3 技术被美国 B&W、比利时 Carmeuse、Breen 和 Noltec 等公司垄断，国内这项技术尚处于示范工程阶段。碱基喷射技术可分为碱基干粉喷射和碱基溶液喷射两种形式，喷射位置主要在炉内、SCR 前、空气预热器前、电除尘器前。

(1) 炉内碱性吸收剂喷射技术

炉内碱性吸收剂喷射技术是指往炉内喷入钙基或镁基吸收剂脱除炉内生成的 SO_3。碳酸钙（$CaCO_3$）、氢氧化镁［$Mg(OH)_2$］和氧化镁（MgO）是炉内喷射比较常用的碱性吸收剂，喷射位置一般设置在炉膛上部，碱性浆液滴进入炉膛后，在高温条件下迅速成为 MgO、CaO 颗粒，并与炉内燃烧生成的 SO_3 发生气固反应，生成硫酸镁（$MgSO_4$）或硫酸钙（$CaSO_4$）。炉内碱性吸收剂喷射技术的 SO_3 脱除效率与吸收剂的化学性质及表面物理特征有关，也受喷射位置以及锅炉燃烧状况等因素的影响。随着温度的升高，吸收剂与 SO_3 物质的量比的增加，以及接触时间的延长，SO_3 脱除性能随之提高[14]。美国 Mansfield 电站和 Gavin 电站利用炉内喷 $Mg(OH)_2$ 浆液对燃煤烟气中的 SO_3 进行脱除，连续运行 23 天，试验数据表明：$Mg(OH)_2$ 具有较好的脱除性能，当镁硫物质的量比为

6.2～7.1 时，SO_3 脱除效率可达 90%[101]。

该方法的优点在于可在 SCR 脱硝之前去除 SO_3，使 SCR 脱硝在低 SO_3 浓度下运行，减少与 NH_3 的反应，从而在一定程度上避免 NH_4HSO_4 在催化剂微孔内的沉积，有效降低脱硝催化剂最低连续运行烟温，改善脱硝低负荷投运问题。但是此技术也有其缺点，比如造成炉内受热面积灰、结渣或催化剂中毒，影响飞灰比电阻进而降低电除尘器除尘效率[102]，以及无法去除 SCR 脱硝过程中产生的 SO_3，并且无法解决后续 SO_3 带来的各种问题。

(2) 烟道内喷射碱性吸收剂技术

烟道内喷射碱性吸收剂技术（alkaline sorbent injection，ASI）是指在炉后烟道内喷入碱性吸收剂，和烟气中的 SO_3 反应后形成硫酸盐固体，在下游除尘器中与烟尘一起被脱除。烟道内喷射常用的碱性吸收剂可分为 3 种，即钙基、钠基和镁基，钙基有 $CaCO_3$、CaO、$Ca(OH)_2$，钠基有碳酸钠（Na_2CO_3）、碳酸氢钠（$NaHCO_3$）、亚硫酸氢钠（$NaHSO_3$）和天然碱（$Na_2CO_3 \cdot NaHCO_3 \cdot 2H_2O$），镁基有 $Mg(OH)_2$ 和 MgO。根据化学反应的强弱及反应产物的稳定性，对 SO_3 的脱除能力为钠基＞钙基＞镁基。如图 1-2 所示，喷射位置一般在 SCR 进出口和 ESP 进出口。喷射形式可分为干粉喷射和溶液喷射两种。干粉喷射为非催化气固反应机制，碱基干粉颗粒对气态 SO_3 的脱除可分为外扩散、界面反应和内扩散 3 个过程。提高干粉喷射吸收效率的关键在于使干粉在烟气中均匀分布，提高碱性颗粒的吸附能力和化学反应能力，以及提高反应产物的稳定性等。NaOH 成本太高，不适合用于废气治理。天然碱和 $NaHCO_3$ 的脱除原理都是在烟气中（135℃以上）分解生成 Na_2CO_3 后和 SO_3 反应，分解过程会使生成的 Na_2CO_3 颗粒变成多孔结构，表面积增加，更有利于吸附反应。当钠硫物质的量比（Na_2 ∶ S）为 1.5 时，天然碱能够获得 90%的 SO_3 脱除效率[103]。$Ca(OH)_2$ 是常见的 SO_3 脱除干粉吸收剂之一，在所有的钙基吸收剂中，$Ca(OH)_2$ 的脱除效率最高[104]。国内大唐托克托电厂采用 $Ca(OH)_2$ 干粉作为吸收剂，碱硫比 4∶1 时，脱除率约 40%。娄彤等[105] 将 $Ca(OH)_2$ 作为干粉吸收剂，在某 1000MW 机组空预器出口引出旁路烟气，进行了 SO_3 脱除实验，碱硫比 1∶1 时，$Ca(OH)_2$ 干粉喷射＋袋式除尘器的 SO_3 脱除效率可达 88.78%。电除尘器前喷射 $Ca(OH)_2$ 会引起电除尘器工作电流降低，同时 SO_3 脱除效率与酸露点关系密切，当烟气温度低于酸露点温度时，由于硫酸蒸气冷凝成为硫酸雾气溶胶，酸雾的扩散速率远小于 SO_3 或 H_2SO_4 气体分子的扩散速率，导致 $Ca(OH)_2$ 对 SO_3 的吸收效果变差。

溶液喷射系统相比于干法喷射系统，结构复杂，但能够产生 1～10μm 的小

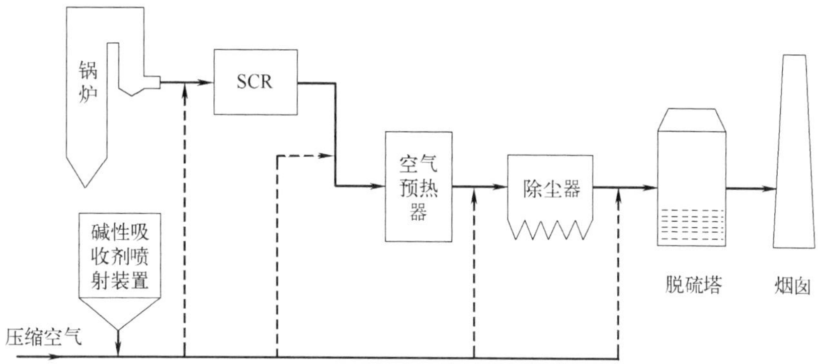

图 1-2 烟道内喷射碱性吸收剂的位置

粒径颗粒，并使其均匀分散在烟气中，因此溶液喷射的 SO_3 脱除性能优于干粉喷射[106]。当碱液滴被喷入高温烟气后，液滴在很短时间内（<0.1s）蒸发结晶，形成粒径很小的多孔吸收剂颗粒，更易吸收 SO_3 气体并发生气固反应。国内 Xie 等[107] 开展的中试试验研究表明，$NaHCO_3$ 作为吸收剂的 SO_3 脱除效率要高于 $Mg(OH)_2$ 与 $Ca(OH)_2$，且以浆液形式喷射的 SO_3 脱除效率是干粉形式的 2 倍，在吸收剂/SO_3 的物质的量比为 2 时，可达到 85%以上的 SO_3 脱除效率。刘勇[108] 通过小试和中试实验，比较了 Na_2CO_3、$Ca(OH)_2$ 和 $Mg(OH)_2$ 的 SO_3 吸收性能，发现 300～400℃范围内，对 SO_3 的吸收能力排序为 $Na_2CO_3 > Ca(OH)_2 \approx Mg(OH)_2$，同时研究了 SCR 系统前喷射 Na_2CO_3 溶液脱除 SO_3，当钠硫物质的量比（Na_2 ∶ S）为 4 ∶ 1、停留时间为 3.66s 时，SO_3 脱除效率可达 96.4%。

1.3.8 烟气冷凝相变技术

烟气冷凝相变脱除硫酸雾和颗粒物的原理如图 1-3 所示，饱和湿烟气经过冷凝换热装置时，烟气温度降低。一方面水蒸气在换热管束表面冷凝形成液膜，酸雾或颗粒物在惯性碰撞、拦截、布朗扩散、热泳和扩散泳等作用下被换热壁面捕集而脱除；另一方面，酸雾或颗粒物表面会发生异相凝结，促使颗粒生长，粒径增大，凝结过程同时也会促进硫酸雾和颗粒物的相互团聚。团聚或长大后的颗粒被管束表面的液膜捕集，最终进入冷凝水中。脱硫烟气的湿度接近饱和，因此，研究人员将烟气冷凝相变装置安装在湿法脱硫塔后，用于回收烟气余热和废水的同时对烟气进行深度净化。

目前，采用氟塑料换热管束的烟气冷凝相变技术已在某 630MW[109]、

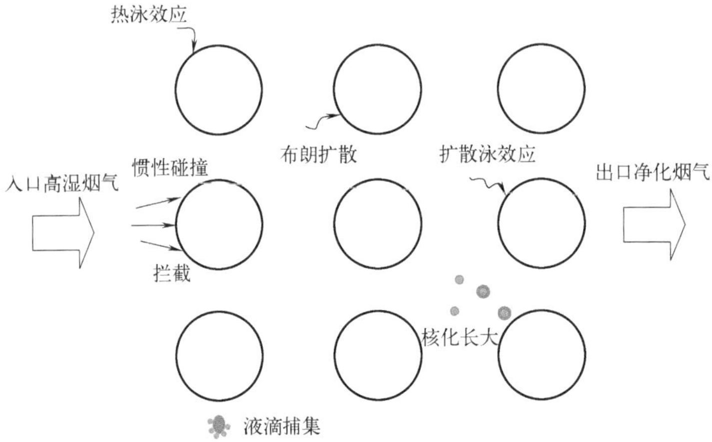

图 1-3　烟气冷凝相变脱除硫酸雾和颗粒物的原理

1000MW[110] 和 280t/h 燃煤机组上实现工程应用。630MW 机组冷凝相变装置与湿式电除尘器耦合使用时，SO_3 的脱除效率达 90%，比湿式电除尘器单独使用时提高了 25%；1000MW 机组冷凝相变装置与除雾器耦合使用时，SO_3 的脱除效率达到了 75.8%，比除雾器单独使用时提高了 21.3%；280t/h 机组冷凝相变装置对 SO_3 脱除效率为 19.3%。此外，冷凝相变装置运行时，节水效果显著，超过 83%的冷凝水能够被回收[109]。Cui[111] 等对冷凝相变装置的经济性进行了分析，结果表明该技术的投资回报率优于湿式电除尘器，现金回收期为 2.4～5.3 年，因此该技术在火电厂具有良好的应用前景，能够用于工程应用。

综上所述，与其他 SO_3 脱除技术比较，烟气冷凝相变技术具有非常明显的经济优势。一方面，湿烟气通过与循环冷却水换热，大量凝结水可以被回收，减少了烟气携带的水蒸气量，烟羽能够被消除，同时回收的烟气余热能够通过热泵系统用于区域供热。另一方面，通过热泳、扩散泳、异相凝结长大、湿式惯性碰撞捕集和雨室洗涤等多种作用，可降低烟气中的 SO_3、颗粒物等污染物浓度，实现多污染物联合脱除。

1.4　烟气冷凝相变技术脱除 SO_3/颗粒物的研究进展

1.4.1　烟气冷凝相变技术脱除 SO_3/颗粒物的机理和性能

国内外研究人员分别针对低湿度烟气冷却和饱和湿烟气冷凝过程中硫酸雾/颗粒物的脱除机理和脱除性能开展了广泛的研究。低湿度烟气冷却过程中涉及的脱除机理主要包括惯性碰撞、拦截、布朗扩散、热泳和扩散泳。针对低湿度烟气冷却过程中颗粒物的减排，Messerer 等[112] 对微型管束换热器中柴油或生物质燃烧产生的亚微米颗粒物的沉积进行了试验研究，在入口温度 390～510K、流速 1～4m/s 以及 27cm 有效沉积长度上颗粒物沉积效率达到了 45%。热泳能够加速颗粒物沉积，是烟气降温过程中的主要沉积机制。随后，Messerer 等[113] 又对木材燃烧产生的颗粒物在微型管束换热器内的沉积过程进行了实验研究，入口烟气温度为 135～295℃，流速为 0.1～1m/s，颗粒物沉积效率高达 95%；对于粒径小于 50nm 的超细颗粒物，沉积机理以布朗扩散为主；对于粒径大于 100nm 的颗粒物，热泳为主要沉积机理，沉积效率随温降和停留时间的增加而增加。

Gröhn 等[114] 设计并制造了一种能够同时减少木材燃烧颗粒物排放和回收废热的冷凝换热器。通过实验测试，颗粒物沉积效率为 26%～40%，认为扩散泳和热泳是颗粒物的主要沉积机理，沉积效率与烟气温降和水蒸气浓度呈正相关；此外，换热器的优化设计能够减少颗粒物排放，而不产生任何额外成本。Grigonyte 等[115] 对木材燃烧产生的颗粒物在小型换热器内的沉积过程进行了试验，并研究了不同沉积机制的作用。研究表明，通过优化换热器的尺寸，在使用生物质燃料的小型供暖设备中，可以显著降低颗粒物排放。试验获得了 45% 的沉积效率，认为颗粒物减排的主要机理为热泳沉积，烟气入口温度升高可以显著提高沉积效率，沉积效率与冷却水温关系密切。大量颗粒物在靠近换热器入口的壁面上沉积，需要安装洗涤器系统，以冲洗换热器壁面上的沉积物。因此，该方法特别适用于湿度高的烟气，因为冷凝水膜有助于换热器壁面的清洁。

当烟气中有大量水蒸气冷凝时，颗粒物脱除机理与干烟气或低湿度烟气冷却过程存在很大差异[111]。由于换热管束壁面附近烟气中存在较大的水蒸气浓度梯度，扩散泳显著增强，水汽相变一方面会导致硫酸雾和颗粒物粒径增大，另一方面能够促进硫酸雾与颗粒物之间的团聚和凝并。针对高湿度烟气，研究人员提出了多种促进硫酸雾和颗粒物脱除的方法以及冷凝换热装置，主要包括管式换热器、膜式输运冷凝器、洗涤器等。其中管式换热器使用最为广泛，已实现工程应用。

国内 Cui 等[111] 提出了通过在湿法烟气脱硫塔出口处安装管式换热器来回收余热和捕集细颗粒的方法。通过实验研究了烟气冷凝过程中颗粒物的主要脱除机理，实验结果表明热泳、扩散泳和惯性碰撞是脱除的三种主要机理。此外，颗粒长大和团聚也是影响脱除的重要因素。在烟气冷凝过程中，烟气中的颗粒物会成为凝结核，颗粒表面的异相成核促使颗粒物粒径增大，同时颗粒物被冷凝液滴包裹，颗粒表面的液桥力能够促进颗粒之间的团聚。此外，冷凝水能够自动清洁换热管束，从而解决了换热器结垢的问题。

谭厚章等设计制作了一种氟塑料换热器，命名为湿式相变凝聚器（WPTA），安装在湿法脱硫塔出口，通过外部冷源控制饱和烟气中水蒸气相变，实现颗粒物、硫酸雾、有机组分和溶解盐等污染物的脱除，并同时回收废水和热量[116～119]；在某600MW燃煤机组上进行了中试试验，WPTA与WESP结合，$PM_{2.5}$和PM_{10}的脱除效率分别提高了5%和15%[120]。在某660MW燃煤机组上进行了中试实验和全烟气工况工程实验，结果表明，WPTA对SO_3的脱除效率接近20%[121]。

李兆豪[122]利用多孔陶瓷膜制作的膜式输运冷凝器捕集水蒸气和颗粒物，实验结果表明，膜式冷凝器能有效捕集烟气中的细小颗粒，且捕集效率与非均相凝结强度呈正相关。当进口冷却水温度为20℃时，$PM_{2.5}$的总捕集效率为52.61%，PM_{10}的总捕集效率为36.33%。

Feng等[123]提出了一种冷凝洗涤法脱除湿烟气中的细颗粒物，即在湿法烟气脱硫塔出口处安装洗涤器，通过冷水喷淋的方式净化烟气并回收烟气余热。建立了中试实验系统，实验探究了液滴捕集细颗粒物的主要机理。研究认为冷凝引起的指向液滴的斯蒂芬流是洗涤器脱除颗粒物的主要机理。分析了该方法工程应用的可行性，提出了三种可行的模式：第一种为在脱硫塔出口进行二次冷水洗涤；第二种为在脱硫塔的上部设置二次洗涤回路；第三种为冷洗涤与WESP结合的模式。研究认为加装热泵更具有实际应用前景，经济性分析结果表明该方法具有较好的经济性。

郑志坚等[124～126]针对工业尾气中的细颗粒物，构建了气液交叉流阵列模型，研究其对微细颗粒物的脱除，并进行了实验验证。废水在重力作用下经导流线表面形成连续稳定液相界面流动液膜柱群，尾气横掠液膜柱群，蒸汽冷凝形成边界层，颗粒进入边界层受热泳和扩散泳力而被迫向液膜柱运动并被捕集。对气液交叉流阵列中单液膜柱建立了扩散泳力作用下的颗粒传质微分方程，对比发现，当颗粒粒径为0.1～5μm时，扩散泳力为主要脱除机理，且脱除效率正比于水蒸气冷凝量，通过增加气液两相湿度梯度，脱除效率可达到80%。

吴昊[127]提出通过建立过饱和环境，利用水汽相变的原理脱除烟气中的细颗粒物和硫酸雾。通过在脱硫烟气中添加湿空气，可将脱硫塔对SO_3的脱除效率提高至30%～50%[128]，但该方法的脱硫烟气中形成的过饱和水汽环境易分布不均匀，且所需湿空气温度较低，仅适用于寒冷地区。通过在电除尘器前端喷水降温增湿，同时在脱硫塔前端布置换热器降低入口烟气温度，从而增加脱硫塔内的过饱和度，可将脱硫塔对 SO_3 的脱除效率由原来的 30%～40%提高至 60%以上[129]。此外，通过三种不同的方法实现脱硫烟气过饱和，细颗粒物在过饱和气相中被激活，作为凝结核成为更大尺寸的凝结液滴，最后被丝网除雾器拦截脱除。三种方法分别为在脱硫烟气中用换热器降温、添加蒸汽和添加冷空气，获得了 24.8%～45.5%的硫酸雾脱除效率。三种方法中，换热器适用性最广，而添加蒸汽耗能较大，添加冷空气只适合原始脱硫烟气温度较高的情况[130]。

烟气凝变换热系统是涉及多场（速度场、温度场和水蒸气浓度场等）多尺度的传热传质过程的复杂工业系统，对凝变换热系统的精确建模是实现硫酸雾/颗粒物控制系统优化和先进控制，进而提升硫酸雾/颗粒物减排系统运行水平、降低污染排放的基础。研究人员只针对冷凝相变过程中颗粒物的脱除开展了部分研究，针对硫酸雾的脱除研究未见报道。上海交通大学的 Li 等[131] 提出了一种适用于冷凝换热器颗粒物脱除的 CFD 模型，利用 ANSYS FLUENT 软件计算了光管叉排冷凝器中颗粒物的脱除，并进行了实验验证，但模拟中忽略了扩散泳力的影响。其后，又提出了结合烟气冷凝与声团聚来提高颗粒物脱除效率的新方法[132]。实验结果表明，总脱除效率能够达到 70%。Liu 等[133] 同样采用实验与数值模拟结合的方法对换热器脱除颗粒物的性能进行了研究，但他们仅对不同换热器结构的流场、温度场等进行了模拟，未对颗粒物的脱除性能进行模拟。王翱[134,135] 通过建立涉及布朗扩散、热泳、扩散泳、惯性和拦截的单液滴捕集颗粒物模型，通过数值模拟研究了单液滴对颗粒物的捕集。研究认为液滴捕集颗粒的作用机制主要分为泳力控制区、惯性控制区，在两个区域之间存在一段过渡区。在泳力控制区，颗粒粒径变化对捕集效率的影响不大；在惯性控制区，随颗粒粒径增大，捕集效率升高。

1.4.2 已有研究存在的问题

根据目前国内外已有的研究，利用烟气冷凝相变脱除燃煤烟气中硫酸雾、细颗粒物的技术主要存在以下问题。

① 虽然众多学者对烟气冷凝相变技术脱除颗粒物进行了大量的研究，但有关烟气冷凝相变技术脱除硫酸雾的研究较少。相较于颗粒物，由于硫酸雾粒径更小，数量浓度更高，且存在严重的腐蚀性，脱除更加困难，其脱除特性与颗粒物存在较大差别。同时，目前的研究更关注硫酸雾脱除性能和回收水量，缺乏对脱除性能与冷凝水回收以及酸雾粒径变化之间关系的研究。因此，有必要对烟气凝变过程中硫酸雾脱除特性进行专门研究，并建立适用于烟气凝变换热系统的运行优化方法。

② 硫酸雾在烟气冷凝相变过程中的实际脱除过程很复杂，目前的研究大多仅利用实验手段对进出口的质量浓度进行测量，烟气凝变过程中硫酸雾的长大规律和脱除机理尚不明确。

③ 针对烟气凝变过程中硫酸雾和颗粒物的脱除模拟鲜有报道，目前缺乏烟气凝变换热系统中硫酸雾脱除过程的预测模型，而现有的凝变换热系统中颗粒物脱除预测模型，没有考虑高湿烟气中由于大量水蒸气冷凝引起的扩散泳效应的影响。因此，需要专门构建适用于高湿烟气凝变换热系统的硫酸雾长大和脱除过程的预测模型。

④ 由于硫酸雾粒径很小，极难沉淀，目前提出的冷凝相变脱除硫酸雾的装置多为普通光管换热器，存在脱除效率低的问题。因此多数研究将冷凝相变作为硫酸雾脱除的预处理方法，与其他技术结合（如 WESP、除雾器等）来改善脱除性能，虽然能够提高硫酸雾脱除效率，但存在耗能大、投资高等问题。因此，有必要寻找节能高效的硫酸雾脱除方法。

⑤ 虽然有研究人员提出可以通过优化换热器的结构来降低颗粒物排放，但没有做深入研究。研究不同结构换热器的脱除性能，可为寻找更节能、更高效和更清洁的烟气凝变换热器提供可能的技术支持。

1.5 换热器分类及研究概况

管式换热器是烟气冷凝相变过程中脱除硫酸雾和颗粒物的主力装置，在冷凝回收水和余热的过程中，对酸雾和颗粒物具有较好的协同脱除作用。为了最大限度地减少能源消耗，研究人员不断地设计和开发紧凑而高效的热输送系统。通过提高对流换热效率，可以提高换热器单元的热工性能，节约能源和材料[136,137]。管式换热器的设计相对模块化，维护成本低。在不同的管式换热器中，交叉流换热器在工业中应用最为广泛[138,139]。图 1-4 显示了用于强化换热的交叉流换热器的大致分类。研究人员通常致力于开发在最小压降下实现最大换热效率的方法。

强化传热技术一般可分为三类：有源强化传热技术、无源强化传热技术以及复合强化传热技术。有源强化技术是通过外加的机械力（如射流冲击强化传热、传热表面振动法等）或电磁力（如电磁场和静电场法）来实现强化传热。无源强化传热技术是目前研究的热点，是通过消耗换热介质的动能来实现强化传热的技术。常采用的技术措施有涂层表面、粗糙表面、扰流元件、涡发生器、螺旋管以及添加物等[140]。由于无源强化技术不需要任何外部电源，结构简单，应用方便，因此该技术被广泛应用。这种技术通过改变边界层和漩涡的形成，显著改变

图 1-4　用于强化换热的交叉流换热器的大致分类

了热场和流场，提高了换热的对流率。

近年来，研究人员开发了一些表面改性[141~143]、插入涡发生器[144,145]的新器件。涡发生器技术是通过在翅片表面冲压成型各类形状的涡发生器来实现强化换热。当流体流过管道表面时，在管道下游形成尾迹和涡流。需要适当的控制机制，使流体在管道下游重新流动，从而进一步提高换热性能，因此，对涡发生器或小翼的需求很大。涡发生器有多种形状，如三角形、短长度的延伸表面等。设计小翼的目的是通过产生最小的压力降来增加湍流度。小翼的面积沿其长度减小，进一步减小了对流体流动的阻力。较高的湍流度是通过在流体流动区域产生旋流运动而产生的。涡发生器可以通过冲压成型，也可以安装在翅片[146]上。对于冲孔面，由于冲孔面产生了不同的涡流，导致翅片内部的传导路径受阻。因此，最好将涡发生器安装在翅片表面，而不是在冲孔翅片表面。管翅式换热器中最常用的 4 种纵向涡发生器如图 1-5 所示，从左到右依次为三角形翼、矩形翼、三角形小翼、矩形小翼，通常三角形小翼和矩形小翼成对出现。

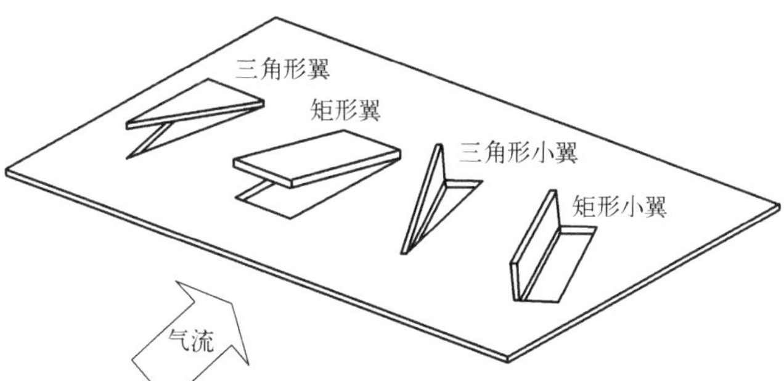

图 1-5　管翅式换热器中最常用的 4 种纵向涡发生器[147]

Torii 等[148] 通过实验研究了翅片管换热器上升流型和下降流型的换热及压降。三角形小翼涡发生器在翅片表面的布置如图 1-6 所示。在管道后面放置三角形小翼会导致明显的分离延迟，减小尾迹尺寸，同时去除管道尾迹附近的传热不良区域。雷诺数保持在 250～2100，顺排和叉排管束布置方式下换热增强幅度分别为 10%～20%和 10%～30%，压降分别增加 8%～15%和 34%～55%。

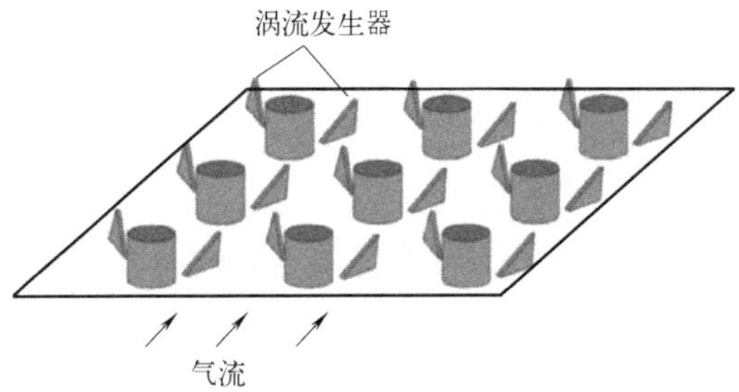

(a) 下降流型

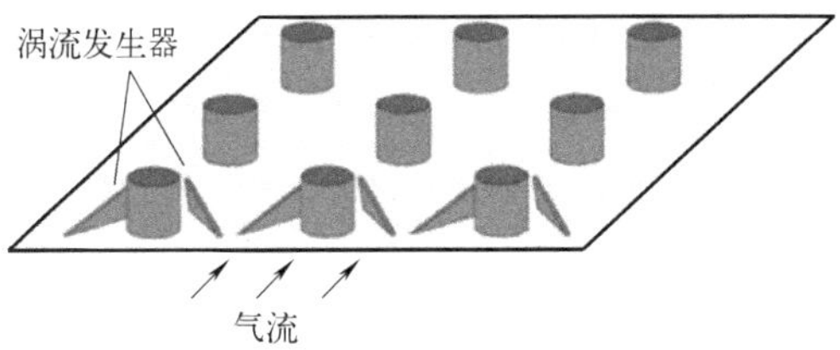

(b) 上升流型

图 1-6　三角形小翼涡发生器在翅片表面的布置[148]

Liu 等[149] 利用弯曲三角形小翼涡发生器对流动和传热增强进行了数值研究。带涡发生器管组的布局示意如图 1-7 所示。涡发生器的径向和周向位置、高度和长度是研究热流特性的主要参数。研究发现，弯曲三角形小翼通过在管道后缘附近引导流体，有助于减小尾迹尺寸，二次流也随着主流流体的流动而产生。

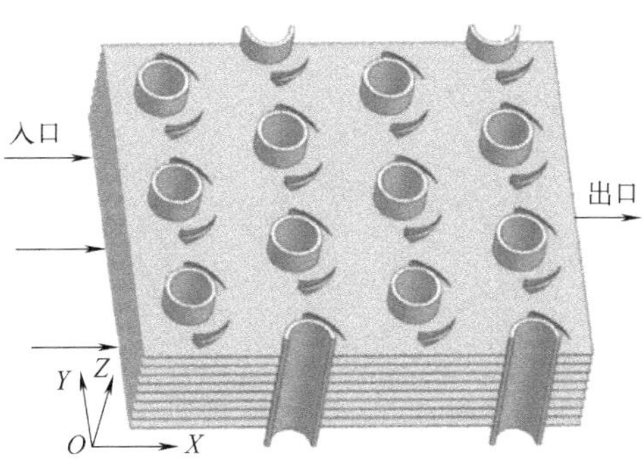

图 1-7　带涡发生器管组的布局示意[149]

与普通翼相比，弯曲三角形小翼涡发生器使努塞尔数增加了28%，摩擦系数增加了15%。涡发生器的长度和高度对热特性和摩擦特性的影响有限。

Chu等[150] 对带有矩形小翼涡发生器的翅片管式换热器内的流动和换热特性进行了三维数值模拟研究，其布置及计算域如图1-8所示。结果表明，纵向涡发生器的攻角为15°，采用3对矩形小翼时，管翅式换热器的空气侧换热能力的提升幅度超过了其流动阻力增加的幅度，与未采用强化措施的换热器相比，其空气侧传热系数提升了71.3%～87.6%，相应的流动阻力增加了54.4%～72%。一方面，矩形小翼与换热管形成渐缩型的通道，流体在这种类似于喷管的通道中被加速，高速流体形成的射流直接冲击到下游的管束上，导致下游换热管上的边界层变薄、温度梯度提升，最终达到强化换热的目的。另一方面，产生的纵向涡抑制换热管束上的流动边界层分离，使换热管上的流动分离点后移，高速射流和强烈旋转的二次流一起作用在换热管束及其尾迹区，最终减小了换热管后的尾迹区尺寸，达到了减小换热管形状阻力的目的。矩形小翼型的纵向涡发生器在大幅度提升换热器换热能力的同时，仅以相对较小的幅度增加流动阻力，是一种高效低阻的强化换热技术。

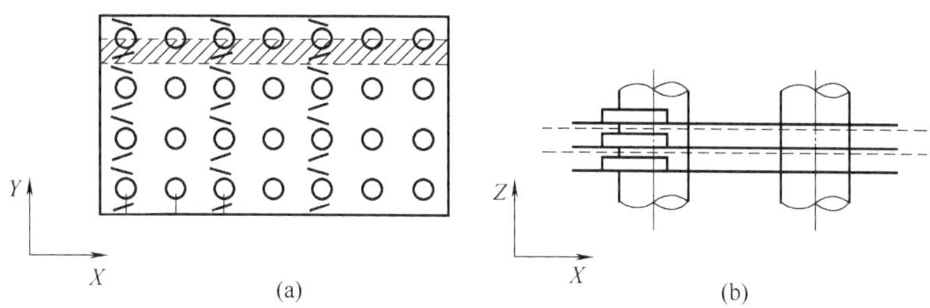

图1-8 矩形小翼型涡发生器布置及计算域[150]

除了传统的三角形小翼和矩形小翼涡发生器外，许多研究人员还研究了一种新型的梯形小翼涡发生器，并对其传热和阻力特性进行了探究。Wang等[151] 对带有纵向涡发生器的翅片管换热器进行了数值研究，如图1-9所示，该涡发生器带有增强传热的梯形翼。将梯形小翼与矩形小翼的设计结果进行了比较，梯形小翼产生的涡比传统的矩形涡具有更高的涡幅。梯形小翼涡发生器比矩形小翼涡发生器的努塞尔数和压降分别提高了2.7%～3.8%和4.7%。

研究人员发现，涡流发生器除了能够强化换热以外，还能够通过诱导涡流抑制污垢[152,153]。污垢的存在在许多应用中造成了更高的能耗和重大的经济损失。颗粒污垢是指工作流体中被携带到传热表面的固体颗粒的积累，这也是传热应用中一个具有挑战性的问题。

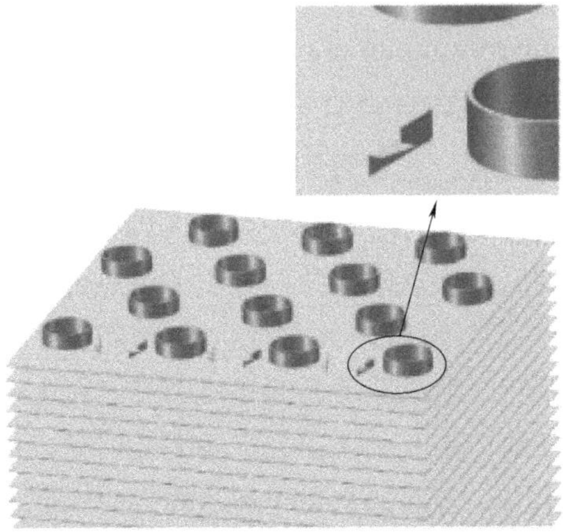

图 1-9 梯形小翼型涡发生器翅片管换热器[151]

Zhang 等[154] 研究了带有涡流诱导元件的换热器的传热强化和防污。涡流诱导组件有效地提高了换热系数，同时抑制了靠近表面的层流底层，从而抑制了污垢的产生。Robert 等[155] 采用多相欧拉-拉格朗日方法模拟了不同结构传热表面的颗粒污垢，认为污垢沉积量的明显减少是由于换热器独特的流动结构。Xu 等[156] 采用数值模拟方法研究了 $CaSO_4$ 污垢的沉积过程。采用性能评价准则对带有污垢条件的不同类型 VG 通道的传热特性进行了评价。

Han 等[157,158] 以镁纳米颗粒为研究对象，研究了带四面体涡发生器的矩形通道内的颗粒结垢机理。通过正交实验，研究了四面体涡发生器的高度、长度和宽度以及纵向间距对四面体涡发生器性能的影响。实验结果表明，四面体涡发生器具有一定的抗污能力；建立了颗粒污垢模型，比较了有无涡发生器的通道污垢特性，结果表明，带涡发生器通道内的沉积质量和脱除质量都比不加涡发生器时大。这主要是因为在每个涡发生器前后都形成了一个回流区和一个停滞区。由于滞止区流速小，导致大量颗粒沉积。而同时强度大的纵向涡增加了流体对壁面污垢的去除和剪切作用，从而抑制了颗粒污垢在换热表面的形成，因此有涡发生器的通道颗粒去除质量比没有涡发生器的通道大得多，且无涡发生器的通道净沉积质量要大于有涡发生器的通道，涡发生器引起的质量去除远大于沉积质量。

综上可知，涡发生器既能够强化管翅式交叉流换热器的换热性能，又有助于颗粒物和硫酸雾的捕集。但目前的研究多侧重于换热器的换热和流动特性，针对涡发生器强化烟气冷凝相变过程中硫酸雾和颗粒物的脱除则少有涉及。因此，本书以光管交叉流换热器和矩形小翼型涡发生器翅片管换热器作为烟气凝变换热器，探究硫酸雾的脱除机理和特性。

1.6 本章小结

本章作为全书的绪论，系统地阐述了燃煤电厂 SO_3/硫酸雾问题的研究背景、现状及本书重点关注的技术方向。首先阐明了 SO_3 的来源及迁移路径：燃煤电厂中的 SO_3 主要生成于炉膛高温区和 SCR 脱硝系统，并随烟气在后续的除尘、脱硫等设备中发生复杂的迁移与转化，其最终以硫酸雾的形态排放到大气中；随后，梳理了 SO_3/硫酸雾对设备、环境和人体健康构成的严重危害，因此国内外均已出台相应的排放限值，对其进行有效控制是燃煤电厂实现清洁排放的必然要求；进一步，综述了现有控制技术及其局限，并聚焦于烟气冷凝相变技术。在众多技术中，烟气冷凝相变技术因其能够协同高效脱除 SO_3 和细颗粒物，且具有节水、节能潜力而展现出良好的应用前景。然而，目前对该技术脱除 SO_3 的研究尚不充分，脱除微观机理尚不明确，脱除效率较低制约了其大规模的工程应用。最后对换热器类型和研究概况进行了介绍，阐述了涡发生器换热器在强化 SO_3 脱除方面的可能性。

第2章

硫酸雾凝结长大的数值模拟

在湿烟气冷凝相变过程中，异相成核会导致烟气中的硫酸雾粒径不断增大，而粒径的变化又会影响硫酸雾的运动轨迹，最终改变酸雾的脱除性能。数值模拟方法是研究流动和换热的重要手段，能够计算换热器内的冷凝相变、硫酸雾粒径变化，同时可以计算硫酸雾在换热器内的运动轨迹。本章采用计算流体力学软件 ANSYS FLUENT 建立了硫酸雾凝结长大模型，对硫酸雾的凝结长大规律进行了全面的分析。

2.1 数学模型的建立

2.1.1 烟气冷凝模型

在烟气与壁面换热过程中，烟气中的水蒸气穿过不凝结气体层，扩散到换热壁面，在壁面或壁面附近的烟气中冷凝并释放大量潜热。水蒸气在烟气中冷凝属于均相凝结，需要烟气达到较高的过饱和度，而壁面冷凝所需烟气饱和度很低，为水蒸气的主要冷凝方式，且烟气中的少量冷凝水滴对水蒸气的扩散只产生微小的影响[159]，因此忽略烟气中形成的水滴，假设冷凝发生在气侧靠近换热壁面的第一层网格内。此外，假设烟气为空气和水蒸气的理想混合气体，管壁的水蒸气分压等于壁面温度对应的饱和蒸汽压力，同时忽略液膜的影响，冷凝水在发生冷凝时即被移除。

冷凝过程的驱动力是管壁附近的水蒸气浓度梯度。基于菲克定律，由水蒸气冷凝产生的质量源项可通过如下公式计算。

$$S_{m}=S_{v}=J_{v,wall}\frac{\delta A}{\delta V} \tag{2-1}$$

式中　S_{m}，S_{v}——分别为质量源项和水蒸气源项，$kg/(m^{3}\cdot s)$；

δA——邻近壁面控制单元的面积，m^{2}；

δV——邻近壁面控制单元的体积，m^{3}；

$J_{v,wall}$——换热壁面的水蒸气扩散通量，$kg/(m^{2}\cdot s)$，可通过下式求得。

$$J_{v,wall}=\frac{\rho_{g}D_{v}}{1-Y_{v}}\times\frac{\partial Y_{v}}{\partial y}\bigg|_{y=0} \tag{2-2}$$

式中　ρ_{g}——烟气密度，kg/m^{3}；

D_{v}——水蒸气在烟气中的扩散系数，m^{2}/s；

y——到管壁的距离，m；

Y_{v}——水蒸气质量分数，可通过下式计算。

$$Y_{v}\big|_{y=0}=\frac{P_{s}(T_{wall})M_{v}\left(\frac{Y_{a}}{M_{a}}+\frac{Y_{v}}{M_{v}}\right)}{P} \tag{2-3}$$

式中　$P_{s}(T_{wall})$——壁面温度对应的水蒸气饱和分压，Pa；

P——烟气压力，Pa；

M_{v}，M_{a}——分别为水蒸气和空气的摩尔质量，g/mol；

Y_{a}——空气质量分数。

水蒸气在壁面冷凝会释放潜热给烟气，能量源项可通过下式计算。

$$S_{h}=S_{m}l_{v} \tag{2-4}$$

式中　S_{h}——能量源项，W/m^{3}；

l_{v}——水蒸气潜热，J/kg。

2.1.2　硫酸雾运动模型

由于实际硫酸雾在烟气中所占的体积分数远低于10%，因此假定硫酸雾为离散相，采用拉格朗日法对硫酸雾颗粒的运动方程进行积分，计算硫酸雾滴的运动轨迹。假定硫酸雾为惯性、球形非旋转颗粒，由于模拟工况为冷凝条件，且硫酸雾粒径为亚微米级，因此忽略酸雾的蒸发和破碎，不考虑酸雾和酸雾之间的相互作用。本书模拟中酸雾假定硫酸质量分数为70%，因此硫酸雾密度为

$1952.5kg/m^3$，比热容为2022J/(kg·K)，热导率为0.4W/(m·K)。本小节主要关注酸雾在烟气冷凝过程中的生长规律，因此酸雾受力仅考虑曳力作用，酸雾的运动方程为

$$m_p \frac{d\vec{u}_p}{dt} = m_p \frac{\vec{u}_g - \vec{u}_p}{\tau_r} \tag{2-5}$$

式中 t——时间，s；

$\vec{u}_g$——烟气速度，m/s；

$\vec{u}_p$——酸雾速度，m/s；

m_p——酸雾质量，kg；

$m_p(\vec{u}_g - \vec{u}_p)/\tau_r$——曳力；

τ_r——颗粒松弛时间，s，表达式如下。

$$\tau_r = \frac{\rho_p d_p^2}{18\mu_g} \times \frac{24}{C_d Re_p} \tag{2-6}$$

$$Re_p = \frac{\rho_g d_p \left| \vec{u}_p - \vec{u}_g \right|}{\mu_g} \tag{2-7}$$

式中 ρ_p——酸雾密度，kg/m^3；

Re_p——酸雾雷诺数；

d_p——酸雾直径，m；

μ_g——烟气动力黏度，kg/(m·s)；

C_d——曳力系数，表达式如下。

$$C_d = \begin{cases} 0.44, & Re_p > 1000 \\ \dfrac{24}{Re_p}(1 + 0.15 Re_p^{0.687}), & Re_p > 1000 \end{cases} \tag{2-8}$$

2.1.3 硫酸雾长大模型

当湿烟气温度持续降低时，烟气会由不饱和状态转变为饱和状态，再转变为过饱和状态。当烟气达到一定的过饱和度时，水蒸气的异相成核便会发生。烟气的饱和度可由以下公式计算得到[160,161]。

$$S = \frac{P_v}{P_s} \tag{2-9}$$

$$P_s = \frac{400}{3} e^{18.5916 - \frac{3991.11}{T_g - 39.31}} \tag{2-10}$$

式中　S——烟气饱和度；

P_v——水蒸气分压，Pa；

P_s——饱和蒸汽分压，Pa。

当烟气过饱和度达到或超过酸雾的临界过饱和度时，水蒸气开始在酸雾表面冷凝。由于溶液效应，酸雾滴表面的水蒸气分压显著下降，且低于酸雾温度对应的饱和蒸气压，酸雾滴的临界过饱和度（临界相对湿度）可利用开尔文方程计算[162,163]。

$$\frac{P_{v,p}}{P_s(T_p)}=a_w\exp\frac{2\sigma_p\overline{v}_w}{RT_pr_p} \tag{2-11}$$

式中　$P_{v,p}$——酸雾表面水蒸气分压，Pa；

$P_s(T_p)$——酸雾温度 T_p（℃）对应的饱和水蒸气分压，Pa；

a_w——水的活度；

σ_p——酸雾表面张力，N/m；

$\overline{v}_w$——水的偏摩尔体积，m^3；

R——理想气体常数，J/(mol·K)；

r_p——酸雾半径，m。

由该表达式可知，酸雾的临界过饱和度远小于1，而本书模拟的入口烟气湿度接近饱和，因此本书模拟设定，一旦烟气饱和度达到1，硫酸雾开始长大。

酸雾与烟气之间的热量交换包括显热和潜热两部分。总换热量可通过下式计算。

$$(m_pc_{p,p}+m_wc_{p,w})\frac{dT_p}{dt}=hA_p(T_g-T_p)f_g(Kn_g)+\frac{dm_p}{dt}l_v \tag{2-12}$$

式中　$c_{p,p}$，$c_{p,w}$——分别为酸雾和冷凝水的比热容，J/(kg·K)；

m_w——冷凝水质量，kg；

h——对流传热系数，W/(m^2·K)；

A_p——酸雾表面积，m^2；

$f_g(Kn_g)$——传热修正系数。

在上述公式中，传热系数 h 可通过烟气与酸雾换热的努塞尔数 Nu 来计算。

$$Nu=\frac{hd_p}{\lambda_g}=2+0.6Re_p^{\frac{1}{2}}Pr^{\frac{1}{3}} \tag{2-13}$$

式中　Nu——努塞尔数；

Pr——普朗特数；

λ_g——烟气热导率，W/(m·K)。

换热修正系数 $f_g(Kn_g)$ 可通过 Fuchs-Sutugin 方程计算[164]。

$$f_g(Kn_g)=\frac{1+Kn_g}{1+1.71Kn_g+1.33Kn_g^2} \tag{2-14}$$

式中　Kn_g——克努森数，$Kn_g=\bar{\lambda}_g/r_p$；

$\bar{\lambda}_g$——烟气平均自由程，m。

水蒸气在酸雾表面凝结的传质速率表达式如下。

$$\frac{dm_p}{dt}=h_m(C_{v,g}-C_{v,p})M_vA_pf_v(Kn_v) \tag{2-15}$$

式中　h_m——对流传质系数，m/s；

$f_v(Kn_v)$——传质修正系数，与传热修正系数表达式一致；

Kn_v——克努森数，$Kn_v=\bar{\lambda}_v/r_p$；

$\bar{\lambda}_v$——水蒸气平均自由程，m；

$C_{v,g}$，$C_{v,p}$——分别为烟气和酸雾表面的水蒸气含量，mol/m^3，通过下式计算。

$$C_{v,g}=\frac{P_v}{RT_g} \tag{2-16}$$

$$C_{v,p}=\frac{P_{v,p}}{RT_p} \tag{2-17}$$

酸雾表面的相平衡蒸气压 $P_{v,p}$ 可通过式（2-11）计算。对流传质系数 h_m 可通过契尔顿-柯尔本类比计算得到。契尔顿-柯尔本类比阐述了动量、热量和质量传递之间的类似关系。工程中为了便于直接计算换热系数和传质系数，把相关的特征集合在一起，用一个符号表示，称为计算因子[165]。传热因子用 J_H 表示，传质因子用 J_D 表示。

$$J_H=St\times Pr^{\frac{2}{3}}=\frac{h}{\rho_g c_{p,g}u_g}Pr^{\frac{2}{3}}\qquad 0.6<Pr<60 \tag{2-18}$$

$$J_D=St_m\times Sc^{\frac{2}{3}}=\frac{h_m}{u_g}Sc^{\frac{2}{3}}\qquad 0.6<Sc<3000 \tag{2-19}$$

契尔顿-柯尔本类比中 J_H 与 J_D 相等，因此可推导出传质系数的计算公式。

$$h_m=\frac{h}{\rho_g c_{p,g}}Le^{-\frac{2}{3}} \tag{2-20}$$

式中　Sc——施密特数；

Le——路易斯数，$Le=Sc/Pr$；

$c_{p,g}$——烟气比热容，J/(kg·K)。

长大后的酸雾直径和密度可通过下式计算。

$$d_p(t+\Delta t)=\left[\frac{6h_m(C_{v,g}-C_{v,p})M_wA_pf_v(Kn_v)\Delta t}{\pi\rho_w}+d_p^3(t)\right]^{\frac{1}{3}} \tag{2-21}$$

$$\rho_p(t+\Delta t)=\frac{6m_p}{\pi d_p^3(t+\Delta t)} \tag{2-22}$$

式中　ρ_w——冷凝水密度，kg/m^3；

Δt——时间步长，s。

2.2　物理模型及求解方法

以硫酸雾在湿烟气冷凝相变过程中的生长规律为研究对象，采用 ANSYS FLUENT 2020R2 进行模拟计算，物理模型示意如图 2-1 所示。X 方向长度为 100mm，Z 方向高度为 13mm，Y 方向宽度为 13.5mm。上下壁面为绝热壁面，前后壁面为恒温壁面，给定恒定壁温与烟气换热。

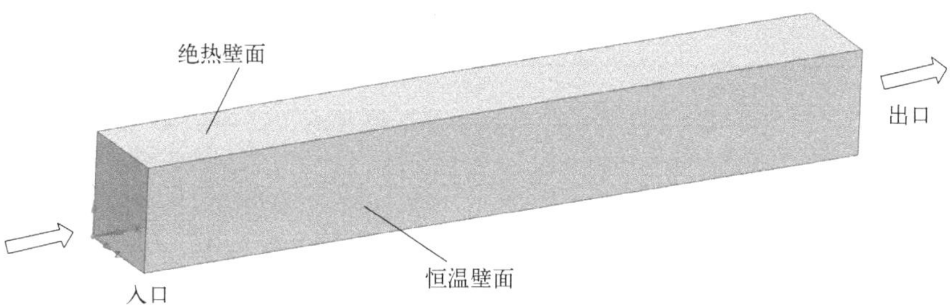

图 2-1　物理模型示意

采用 Fluent-Meshing 软件对计算模型进行网格划分，网格类型为多面体网格。为保证换热计算的准确性，换热壁面单独绘制 5 层边界层网格。计算域网格分辨率会对模拟计算的准确性产生影响，因此选用 4 种不同网格数量的模型对网格无关性进行验证，比较了不同网格数量下的出口平均温度的计算结果，如表 2-1 所示。模拟工况参数为：入口烟气温度为 55℃，壁面温度为 22℃，入口烟气相对湿度为 95%，烟气流速为 1.6m/s。当网格数量从 31.9 万个增大到 66.3 万个时，相对误差小于 1%，可以认为计算结果不会随着网格数量的增大而发生明显变化，考虑到计算成本与计算结果精度，选用网格数量为 31.9 万个的模型进行后续模拟计算。

表 2-1 网格敏感性分析

网格数目/万个	出口平均温度/℃
11.1	304.7
18.6	307
31.9	307.4
66.3	307.5

入口和出口的边界条件分别为速度入口和压力出口。连续相采用稳态计算，离散相采用非稳态计算，选用 realizable k-ε 湍流模型和 SIMPLE 算法。压力的离散方法采用 standard，湍流动能和湍流耗散率采用一阶迎风格式，其他采用二阶迎风格式。硫酸雾颗粒为面喷射类型，壁面边界条件设置为 reflect，每次模拟计算入口给定单一粒径。烟气的密度、比热容等相关物性参数通过混合定律确定，烟气冷凝模型、硫酸雾冷凝长大模型以及水蒸气扩散系数[167] 均利用自定义函数（UDF）导入 Fluent 中。首先计算烟气的流动和换热，得到收敛的流场、温度场后，再加入硫酸雾进行计算。实验工况取值如表 2-2 所示。

表 2-2 实验工况取值

工况参数	数值
硫酸雾粒径/μm	0.006、0.03、0.15、0.3、1、1.5
入口烟气温度/℃	45、50、55、60
壁面温度/℃	18、22、26、30
入口烟气湿度/%	90、95、100
烟气流速/(m/s)	0.8、1.6、2.4、3

2.3 模拟结果与分析

2.3.1 烟气流动方向硫酸雾粒径变化

模拟工况为入口烟气温度为 55℃，壁面温度为 22℃，入口烟气相对湿度为

95%，烟气流速为1.6m/s。沿烟气流动方向设置10个采样截面，模拟得到通过采样截面硫酸雾的平均粒径，图2-2和图2-3分别给出了烟气流动方向上不同初始粒径的硫酸雾的粒径变化规律，以及不同初始粒径的硫酸雾在相变换热通道出口的粒径分布规律。

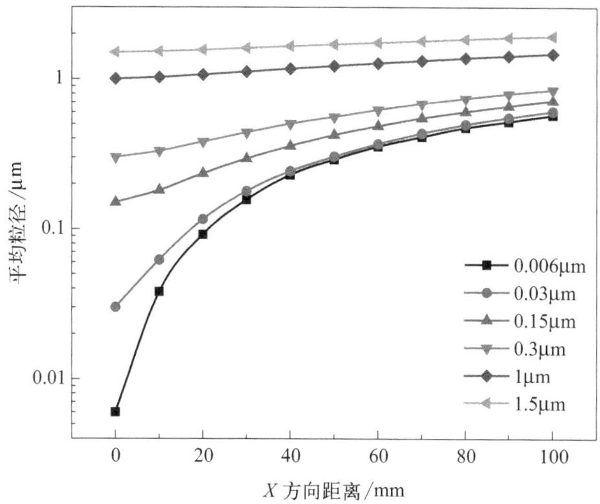

图2-2 烟气流动方向不同初始粒径硫酸雾粒径变化规律

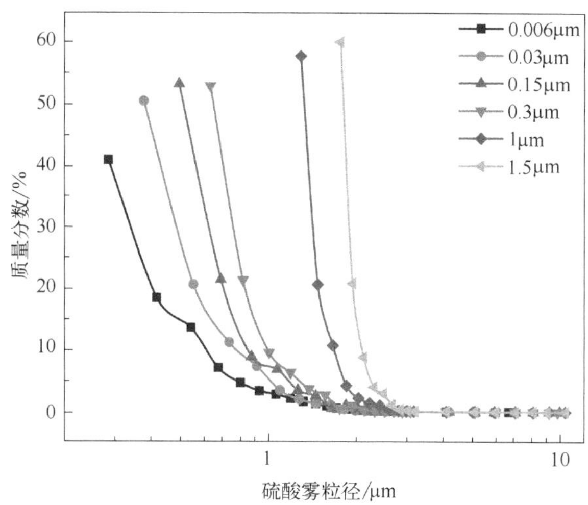

图2-3 不同初始粒径硫酸雾在相变换热通道出口的粒径分布规律

从图2-2中可以看出，硫酸雾在随烟气流动过程中，粒径逐渐增大。酸雾初始粒径越小，粒径增长越显著，小粒径酸雾增长率沿烟气流动方向逐渐减小。硫酸雾粒径的变化是多种因素作用的结果。首先，酸雾的长大速率与酸雾表面的传质量有关，而传质量与酸雾表面和周围烟气中的水蒸气分压有关。烟气中水蒸气分压越高，烟气饱和度越高。沿烟气流动方向，烟气饱和度缓慢增加，而由于大量水蒸气冷凝，烟气中水蒸气质量分数逐渐减小。此外，酸雾的长大速率与酸雾粒径大小有关，酸雾粒径越大，水蒸气分子向酸雾表面碰撞的概率也越大，从而导致水蒸气的凝结效应增强。

从图 2-3 中可以看出，通道内温度场、水蒸气浓度场不均匀，硫酸雾在随烟气流动过程中，虽然初始粒径相同，但由于进入通道的位置和运动轨迹的不同，导致酸雾表面水蒸气传质量不同。不同初始酸雾粒径的出口粒径分布相似，在出口处，小粒径酸雾数量浓度远高于大粒径酸雾。酸雾粒径越大，数量浓度越低。亚微米粒径的酸雾只有极少数能够生长到微米范围。以初始粒径为 0.03μm 的酸雾为例，出口处 50.5%数量浓度的酸雾粒径小于 0.376μm，只有约 10.2%的酸雾粒径增大到了 1μm 以上。

2.3.2 入口烟气温度的影响

改变入口烟气温度，其余工况设置为壁面温度 22℃，入口烟气相对湿度 95%，烟气流速为 1.6m/s。图 2-4 给出了入口烟气温度对硫酸雾长大的影响，图 2-4 (a) 为不同初始粒径酸雾随入口烟气温度的变化，图 2-4 (b) 为初始粒径 0.03μm 的酸雾在不同入口烟气温度下沿烟气流动方向的粒径增长规律。从图 2-4 (a) 中可以看出，随着入口烟气温度的升高，出口处硫酸雾的平均粒径逐渐增大。以初始粒径 0.03μm 的酸雾为例，当入口烟气温度由 45℃升高到 60℃时，

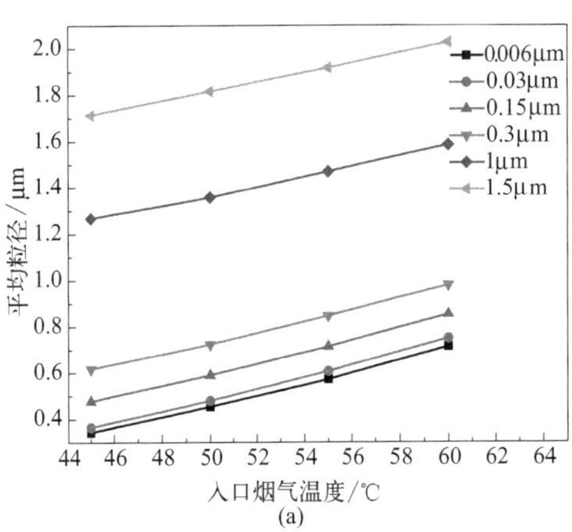

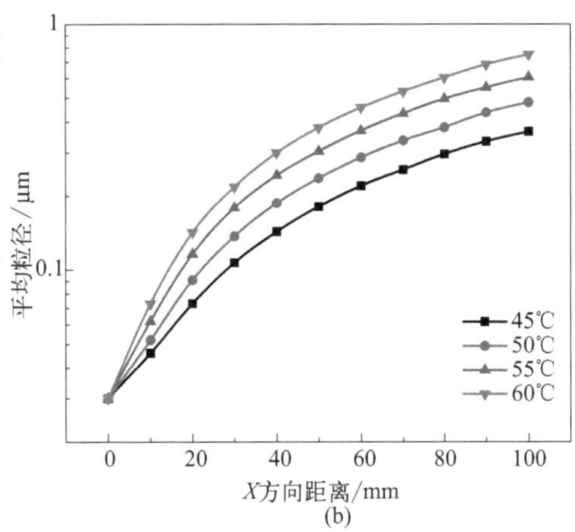

图 2-4 入口烟气温度对硫酸雾长大的影响

出口平均粒径由 0.365μm 增大到 0.75μm。从图 2-4（b）中可以看出，沿烟气流动方向，随着入口烟气温度升高，酸雾增长速率增大。在其他条件不变的情况下，换热通道入口烟气温度为 45℃、50℃、55℃和 60℃时，对应的烟气温降幅度分别为 16.11℃、18.67℃、20.75℃和 22.65℃。烟气温降增大，烟气中易形成更大的过饱和度，从而使得硫酸雾的长大速率增加。在相同入口烟气相对湿度下，烟气中可冷凝水量增加，因此在每个酸雾表面能够冷凝的水量同样也随之增加。

2.3.3 壁面温度的影响

换热壁面温度直接影响换热效果和冷凝水量，进而影响硫酸雾长大。改变壁面温度，其余工况设置为入口烟气温度为 55℃，入口烟气相对湿度为 95%，烟气流速为 1.6m/s。图 2-5 给出了壁面温度对硫酸雾长大的影响。

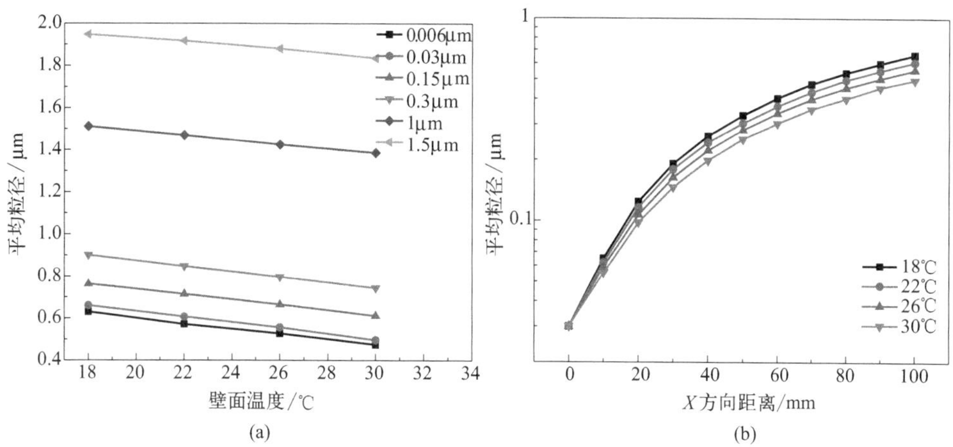

图 2-5 壁面温度对硫酸雾长大的影响

图 2-5（a）为不同初始粒径酸雾随壁面温度的变化，不同初始粒径的酸雾，出口平均粒径均随壁面温度的增大而减小。以初始粒径为 0.03μm 的酸雾为例，当换热壁面温度由 18℃升高到 30℃时，出口平均粒径由 0.661μm 减小到 0.497μm。图 2-5（b）为初始粒径 0.03μm 的酸雾在不同壁面温度下沿烟气流动方向的粒径变化规律。沿烟气流动方向，随着壁面温度升高，酸雾增长速率逐渐减小。壁面温度为 18℃、22℃、26℃和 30℃时，对应的烟气温降分别为 23.3℃、20.8℃、18.2℃和 15.6℃。由于烟气温降减小，换热通道内水汽相变程度降低，酸雾表面的传质量也相应减小。

2.3.4 入口烟气相对湿度的影响

入口烟气相对湿度表征了烟气含水量和烟气饱和度大小，会对烟气冷凝水量和饱和度分布产生影响。改变入口烟气湿度，其余工况设置为入口烟气温度为55℃，壁面温度为22℃，烟气流速为1.6m/s。图2-6（a）和图2-6（b）分别为不同初始粒径酸雾随入口烟气相对湿度的变化，以及初始粒径0.03μm的酸雾在不同入口烟气相对湿度下沿烟气流动方向的粒径变化规律。随着入口烟气相对湿度的增加，酸雾出口平均粒径逐渐增大。在其他模拟工况相同的情况下，入口烟气相对湿度由85%增大到100%，模拟所得出口烟气温度略微增加，烟气温降幅度减小了1.3℃。此时，相对湿度引起粒径变化的关键为可冷凝水量的不同，入口烟气湿度越大，烟气中的水蒸气分压越大，酸雾表面水蒸气浓度差越大，从而导致酸雾表面的传质量也增大。

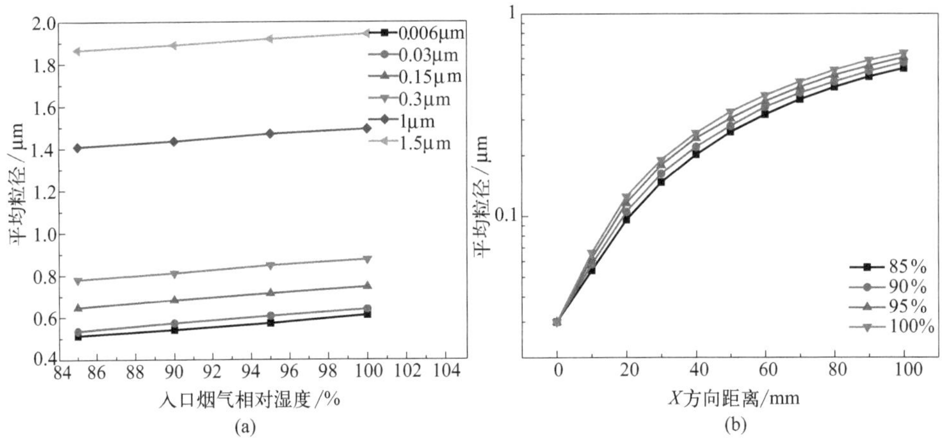

图2-6 入口烟气相对湿度对硫酸雾长大的影响

2.3.5 入口烟气流速的影响

图2-7（a）为不同初始粒径酸雾随入口流速的变化，随着烟气流速的增大，出口酸雾平均粒径迅速减小，降低幅度逐渐减小。图2-7（b）为初始粒径0.03μm的酸雾在不同入口流速下沿烟气流动方向的粒径变化规律。随着入口流速增大，酸雾增长速率迅速减小，0.03μm的酸雾出口粒径由1.046μm降低至0.333μm。当烟气流速从0.8m/s增大到3.2m/s时，一方面换热效果变差，烟气温降减小了3.8℃，导致换热通道内水汽相变程度变差；另一方面，酸雾在换热器内的停留时间减少，导致酸雾表面传质量减小。

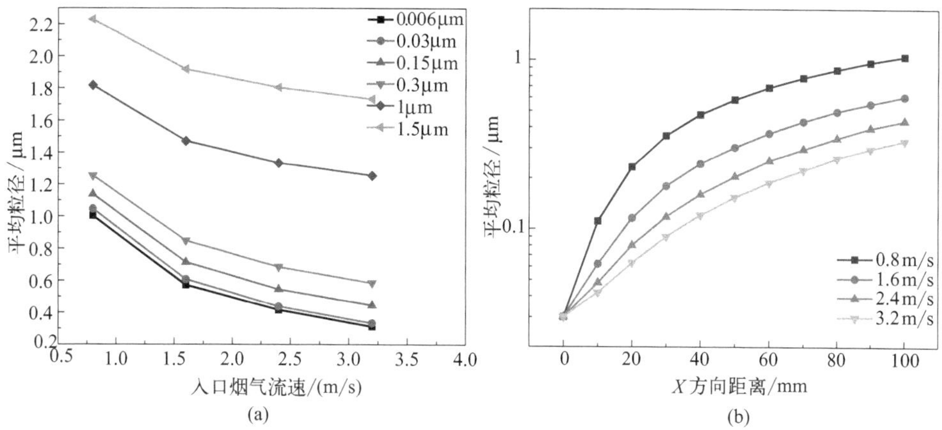

图 2-7　入口烟气流速对硫酸雾长大的影响

2.4　本章小结

本章建立了烟气冷凝相变过程中硫酸雾凝结长大模型和硫酸雾捕集预测模型，并对长大特性进行了模拟，得到以下结论。

① 针对烟气凝变过程中硫酸雾长大过程进行了分析，建立了硫酸雾凝结长大模型，该模型包括烟气冷凝、硫酸雾运动和硫酸雾长大 3 个子模型。对于烟气冷凝模型，通过计算换热壁面的水蒸气传质量以及释放的潜热，计算得到烟气温度和水蒸气浓度的变化；对于硫酸雾长大模型，首先根据酸雾所在烟气的饱和度判断酸雾是否达到了长大条件，随后通过分析酸雾表面和周围烟气中的水蒸气分压，计算得到酸雾表面的水蒸气传质量，并重新确定酸雾密度和粒径。

② 模拟了不同工况条件对硫酸雾长大特性的影响。硫酸雾在随烟气流动过程中粒径逐渐增大，酸雾粒径越小，粒径增长越显著。不同初始粒径下出口粒径分布相似，出口处酸雾粒径越大，数量浓度越低，入口处亚微米粒径的酸雾在出口处只有极少数能够生长到微米范围。酸雾的长大与烟气中水汽相变程度关系密切，提高入口烟气温度、入口烟气相对湿度以及降低壁面温度，均导致异相凝结强度增强，使得酸雾粒径增大到更大尺寸；增大入口烟气流速不利于酸雾长大，这是由于酸雾在换热通道内的停留时间缩短。

第3章

换热器结构对硫酸雾脱除性能影响的数值模拟

在湿烟气冷凝过程中，硫酸雾粒径不断增大，同时硫酸雾随烟气流动过程中被换热管束捕集或随烟气逃逸。实际换热器内硫酸雾的脱除过程很复杂，需要借助数值模拟工具对脱除过程进行分析。不同的换热器结构会影响烟气流动和换热，进而影响硫酸雾的运动轨迹和捕集行为。本章在第2章的基础上建立了适用于烟气冷凝相变过程中的硫酸雾捕集预测模型，以及不同结构换热器的全尺寸实体模型，对换热器内酸雾运动、凝结长大和捕集过程进行了模拟，分析了不同换热器结构以及工况因素对硫酸雾脱除特性的影响。

本章首先选择了光管和管翅式两种常见的换热器结构，此外，根据相关换热器的研究文献，矩形小翼涡发生器翅片管换热器（涡流换热器）具有捕集硫酸雾的潜力，因此另外选择了在涡流换热器以及光管换热器中加入矩形小翼涡发生器（涡管换热器）进行对比研究。

3.1 数学模型的建立

凝变换热器中硫酸雾捕集过程是在流场、温度场、水蒸气浓度场等多场耦合作用下进行的，同时伴随着酸雾粒径的增大。酸雾质量的变化直接影响酸雾的受力，从而影响酸雾的运动轨迹。烟气冷凝模型和硫酸雾长大模型与前面一致。同样，采用拉格朗日法求解酸雾的运动方程，以获得酸雾的运动信息，通过追踪所有酸雾的运动轨迹，得到酸雾捕集或逃逸的统计信息。

在烟气冷凝过程中，酸雾会在曳力、布朗扩散力、重力、热泳力和扩散泳力等作用下偏离流线，被换热管束捕集。由于换热器内存在较大的温差和水蒸气浓度差，酸雾受到的热泳力和扩散泳力远大于布朗扩散力等其他作用力。因此，硫酸雾运动模型在原来仅考虑曳力的基础上，增加了酸雾所受重力、热泳力和扩散泳力，颗粒运动方程表达式如下。

$$m_p \frac{d\vec{u}_p}{dt} = m_p \frac{\vec{u}_g - \vec{u}_p}{\tau_r} + m_p \frac{\vec{g}(\rho_p - \rho_g)}{\rho_p} + \vec{F}_T + \vec{F}_D \tag{3-1}$$

式中 $\vec{F}_T$，$\vec{F}_D$——分别为热泳力和扩散泳力，N；

$\vec{g}$——重力加速度，m/s^2。

热泳力表达式为

$$\vec{F}_T = -D_{T,p} \frac{1}{T_g} \nabla T_g \tag{3-2}$$

式中 ∇T_g——温度梯度；

$D_{T,p}$——热泳系数，热泳系数计算公式由 Talbot 等提出。

$$D_{T,p} = \frac{6\pi d_p \mu_g^2 C_s (K + C_t K n_g)}{\rho_g (1 + 3C_m Kn)(1 + 2K + 2C_t K n_g)} \tag{3-3}$$

式中 λ_p——酸雾热导率，W/(m·K)，$K = \lambda_g / \lambda_p$；

C_s，C_t，C_m——常数，$C_s = 1.17$，$C_t = 2.18$，$C_m = 1.14$。

考虑水蒸气扩散和 Stefan 流的扩散泳力表达式为[135]

$$\vec{F}_D = \frac{3\pi \mu_g d_p}{C_c} V_D \tag{3-4}$$

$$V_D = -\frac{M_v^{0.5}}{(\gamma_v M_v^{0.5} + \gamma_a M_a^{0.5})} \times \frac{D_v}{P_a} \nabla P_v \tag{3-5}$$

式中，V_D——扩散泳力驱进速度；

γ_v，γ_a——分别为水蒸气和空气的摩尔分数，%；

P_a，P_v——分别为空气和水蒸气分压，Pa；

∇P_v——水蒸气压力梯度；

C_c——坎宁汉修正系数，是烟气平均自由程 $\bar{\lambda}_g$ 和酸雾直径 d_p 的函数[146]，可通过下式计算。

$$C_c = 1 + \frac{2.514 + 0.08 \exp\left(-0.55 \frac{d_p}{\bar{\lambda}_g}\right)}{d_p / \bar{\lambda}_g} \tag{3-6}$$

3.2 物理模型及求解方法

4 种换热器分别为光管换热器、管翅式换热器、涡管换热器、涡流换热器，换热器三维仿真结构如图 3-1 所示，其中涡管换热器和涡流换热器中涡发生器的布置示意如图 3-2 所示，换热器几何参数如表 3-1 所示。

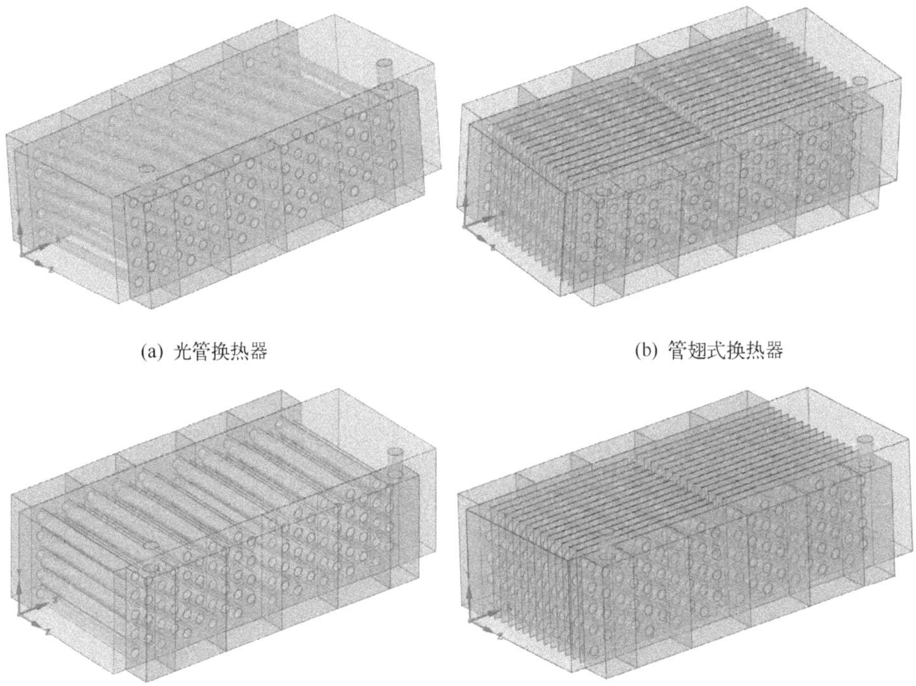

(a) 光管换热器　(b) 管翅式换热器

(c) 涡管换热器　(d) 涡流换热器

图 3-1　换热器三维仿真结构

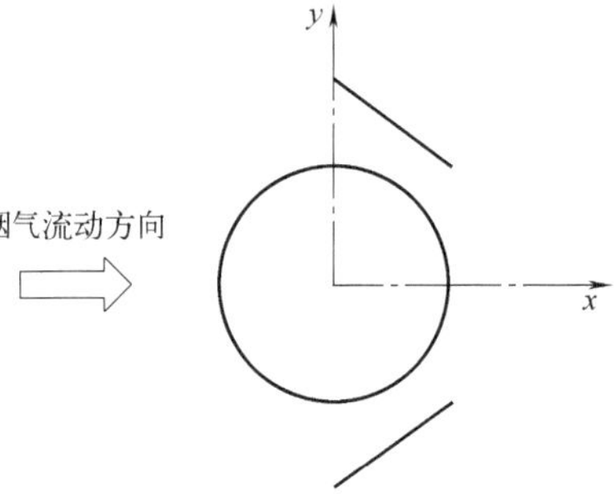

图 3-2　涡管换热器和涡流换热器中涡发生器的布置示意

表 3-1 换热器几何参数

参数名称	光管换热器	管翅式换热器	涡管换热器	涡流换热器
气侧入口截面尺寸（宽×高）/mm	200×144	200×144	200×144	200×144
换热器长度/mm	522	522	522	522
换热器宽度/mm	284	284	284	284
管外径/mm	14	14	14	14
管内径/mm	12	12	12	12
翅片间距/mm	—	13	—	13
翅片厚度/mm	—	1	—	1
横向截距/mm	21	21	21	21
纵向截距/mm	24	24	24	24
涡片宽度/mm	—	—	9	9

入口和出口边界条件分别设置为速度入口和压力出口。求解方法采用 SIMPLE 算法，realizable k-ε 湍流模型，压力的离散方法采用 standard，湍流动能和湍流耗散率采用一阶迎风格式，其他采用二阶迎风格式。连续相采用稳态计算，离散相采用非稳态计算。酸雾颗粒喷射类型为面喷射类型，管束外壁面和翅片边界条件设置为 trap，涡片边界条件设置为 reflect，每次给定单一粒径进行模拟计算。利用自定义函数 UDF 给定质量源项和能量源项、扩散泳力、颗粒冷凝长大模型和水蒸气扩散系数[167]。首先计算换热器内烟气的流动和换热，得到收敛的流场、温度场后，再加入硫酸雾进行计算。用于模拟计算的硫酸雾粒径取 0.006～1.5μm，入口烟气温度取 45～60℃，换热管束壁温取 18～30℃，入口烟气相对湿度取 85%～100%，烟气流速取 0.8～3.2m/s。

本书重点关注的是烟气侧硫酸雾在不同换热器内的捕集过程，为节省计算时间，给定管束外壁面恒定壁温，只对换热器气侧进行模拟计算。因此，利用 SpaceClaim 软件对水侧流体域及管束固体域进行物理学抑制，采用 Fluent-Meshing 软件对烟气侧进行网格划分，换热管束气侧以及翅片表面各绘制 5 层边界层网格。涡流换热器网格示意如图 3-3 所示。

为保证计算精度，对 4 种换热器的模型进行网格独立性验证，结果如图 3-4 所示。对于光管换热器，分别采用网格数量为 83.4 万个、114.9 万个、145.6 万

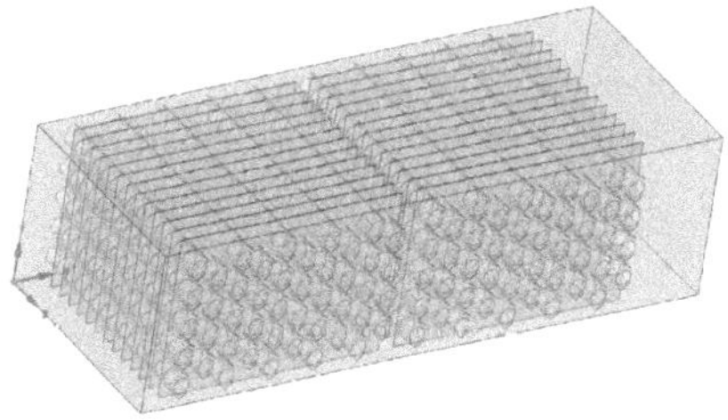

(a) 计算域

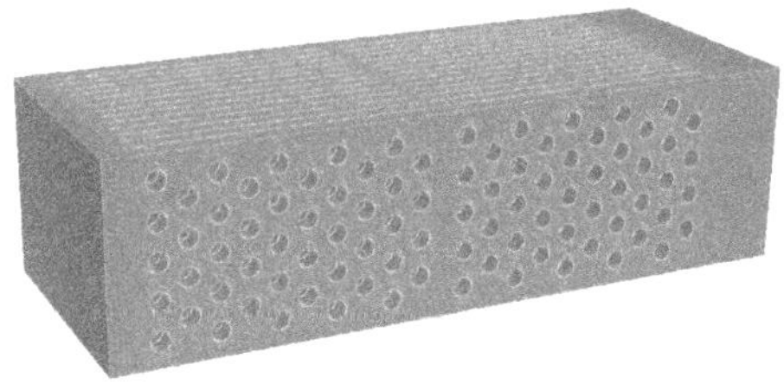

(b) 整体网格分布

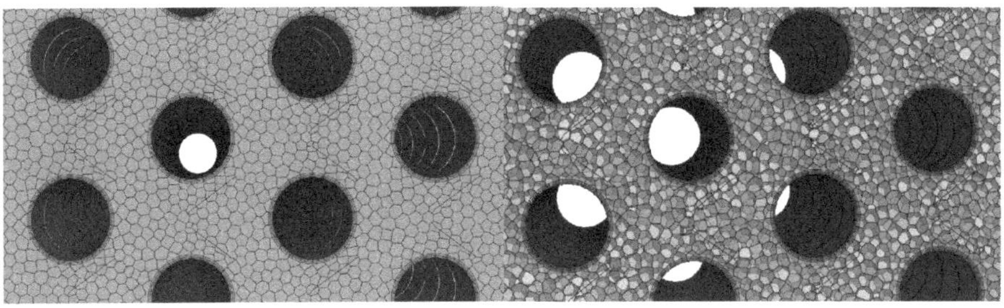

(c) 局部网格

图 3-3　涡流换热器网格示意

个、187.3 万个 4 种网格系统进行计算，综合考虑计算精度和计算量，对于光管换热器最终选取网格数量为 145.6 万个的网格系统进行数值计算。按照同样的网格独立性验证方法，管翅式换热器、涡管换热器和涡流换热器的网格数量分别确定为 211.2 万个、182.4 万个和 255.6 万个。

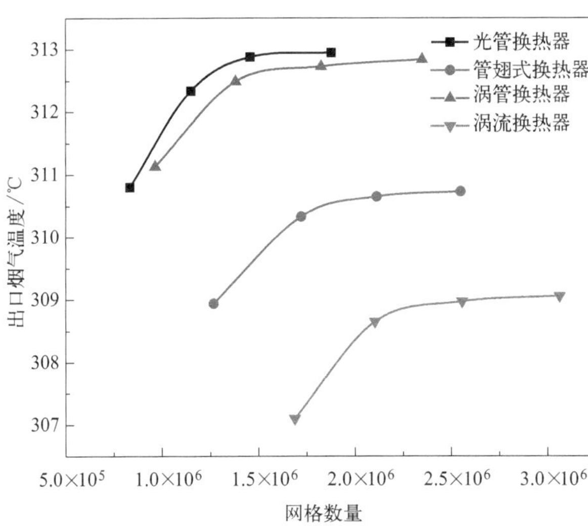

图 3-4　网格独立性验证

分级脱除效率 η_i 计算公式如下。

$$\eta_i=\frac{N_{i,in}-N_{i,out}}{N_{i,in}}\times 100\% \tag{3-7}$$

式中 $N_{i,in}$——进口数量浓度，个/cm^3；

$N_{i,out}$——出口数量浓度，个/cm^3。

3.3 模拟结果与分析

3.3.1 光管换热器

(1) 入口烟气温度的影响

图 3-5 给出了不同入口烟气温度下，硫酸雾出口平均粒径和光管换热器对入口粒径介于 0.006～2μm 的酸雾的脱除效率。从图 3-5（a）中可以看出，随着入口烟气温度的升高，硫酸雾出口平均粒径逐渐增大。与此同时，烟气整体温降幅度增加了 3.34℃。烟气温降增大，烟气中易形成更大的过饱和度，从而使得硫酸雾的长大速率增加。在相同入口烟气相对湿度下，烟气中可冷凝水量增加，因此在每个酸雾表面能够冷凝的水量也随之增加。

如图 3-5（b）所示，酸雾脱除效率随粒径的增大先减小后增大。初始酸雾粒径小于 0.6μm 时，随着入口烟气温度的升高，脱除效率增加，且随着酸雾粒径的增大，影响逐渐减弱。入口烟气温度对初始粒径大于 0.6μm 的酸雾几乎没有影响。主要是由于不同粒径的酸雾脱除机理不同，亚微米粒径的酸雾主要受泳

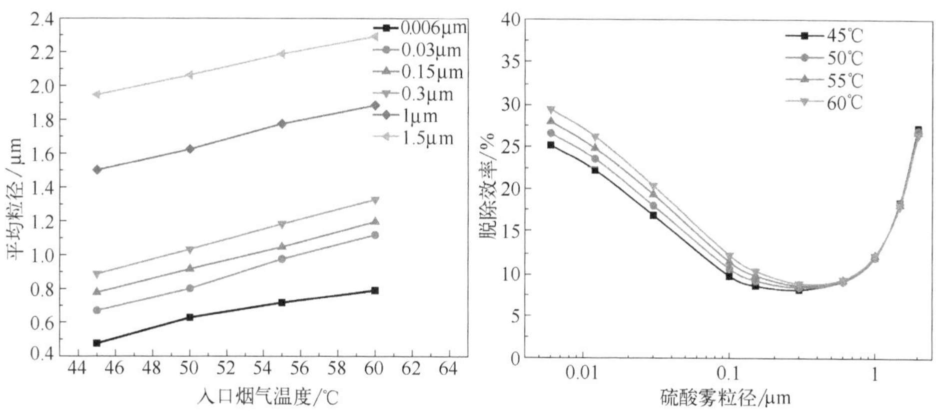

(a) 出口平均粒径的变化

(b) 脱除效率的变化

图 3-5 入口烟气温度对硫酸雾脱除性能的影响

力影响，微米粒径的酸雾主要受惯性碰撞和拦截的影响。入口烟气温度升高时，烟气与换热管束温差增大，因此酸雾所受热泳力增强，同时冷凝水量增加也导致扩散泳力增强。惯性碰撞和拦截机制与温度和温差无关，因此入口烟气温度对大粒径酸雾几乎没有影响。

(2) 换热管束壁面温度的影响

图 3-6 为不同换热管束壁面温度下，硫酸雾出口平均粒径和光管换热器对入口粒径介于 0.006～2μm 的酸雾的脱除效率。如图 3-6（a）所示，不同初始粒径的硫酸雾的出口平均粒径均随管壁温度的升高而减小。这是由于管壁温度升高时换热效果变差，烟气温降幅度减小。当管壁温度由 18℃升高到 30℃时，烟气温降减小了 5.6℃，导致换热通道内水汽相变强度减弱，从而导致酸雾表面的传质量减小。

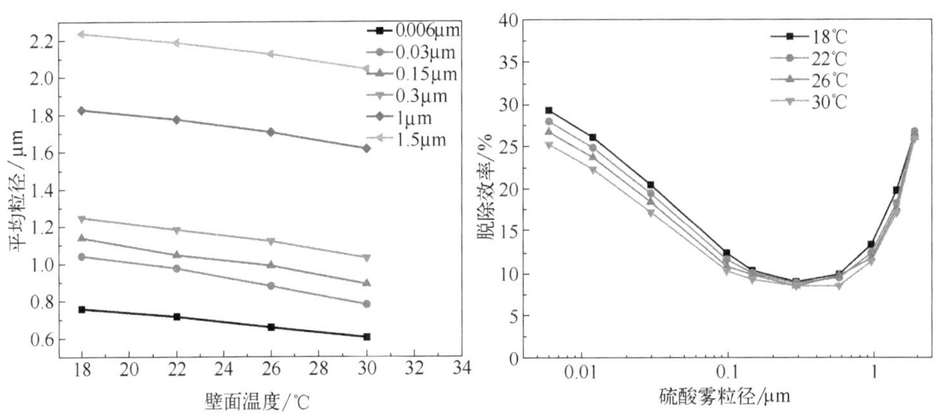

(a) 出口平均粒径的变化　　(b) 脱除效率的变化

图 3-6　壁面温度对硫酸雾脱除性能的影响

由图 3-6（b）可知，粒径小于 0.1μm 的酸雾脱除效率随管壁温度的升高而减小，微米粒径的酸雾脱除效率不受影响。该结果与烟气入口温度的影响一致，酸雾脱除效率的关键影响因素为烟气温降和烟气冷凝水量。当管壁温度升高时，烟气与换热管束的温差降低，导致管束附近的热泳效应减弱，同时由于管壁处水汽冷凝量减少，因此热泳效应同样减弱，最终导致小粒径酸雾脱除效率降低。微米粒径的酸雾脱除主要受惯性碰撞和拦截的影响，因此管壁温度的变化对大粒径酸雾的脱除影响较小。

(3) 入口烟气相对湿度的影响

图 3-7 为不同入口烟气相对湿度下，硫酸雾出口平均粒径和光管换热器对入口粒径介于 0.006～2μm 的酸雾的脱除效率。如图 3-7（a）所示，硫酸雾出口平

均粒径随入口烟气相对湿度的增加而增大。在其他模拟工况相同的情况下，入口烟气相对湿度由 85%增大到 100%，模拟所得出口烟气温度几乎不变，即各个算例的烟气温降基本相等。此时，相对湿度引起粒径变化的关键是冷凝水量的不同。入口烟气相对湿度增大时，在几乎相同的温降下，烟气中的水汽相变程度增加，导致酸雾表面的传质量增加。

如图 3-7（b）所示，小粒径硫酸雾脱除效率随入口烟气相对湿度的增大而缓慢增加，大粒径酸雾脱除效率没有明显变化。烟气温降相同表明酸雾所受热泳力一致，而由于冷凝水量的不同，扩散泳力的增大成为导致酸雾脱除效率提高的关键。因此，入口烟气相对湿度的影响比入口烟气温度和换热管束壁面温度的影响更小。

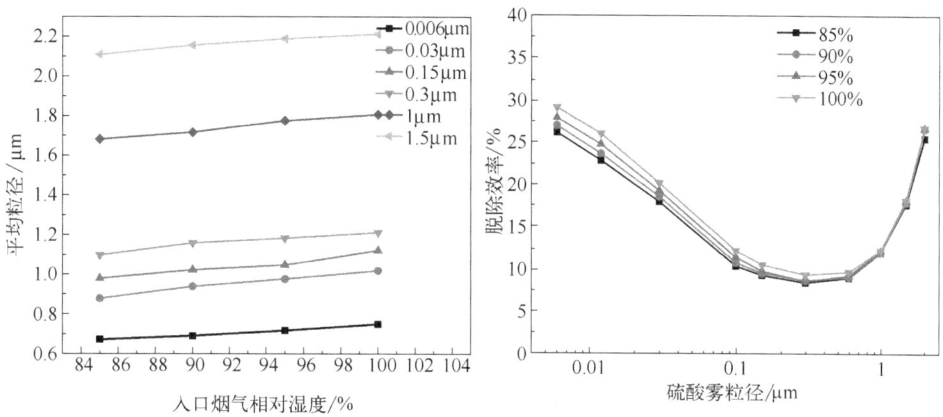

(a) 出口平均粒径的变化　　(b) 脱除效率的变化

图 3-7　入口烟气相对湿度对硫酸雾脱除性能的影响

（4）入口烟气流速的影响

图 3-8 为不同入口烟气流速下，硫酸雾出口平均粒径和光管换热器对入口粒径介于 0.006～2μm 的酸雾的脱除效率。如图 3-8（a）所示，当入口烟气流速增大时，酸雾出口平均粒径显著减小。酸雾粒径的增长主要受到温降和停留时间的影响。当入口烟气流速从 0.8m/s 增大到 3.2m/s 时，换热效果变差，烟气温降幅度减少了 10.2℃。烟气温降减小导致烟气中的水汽相变程度减弱，从而使得酸雾粒径增长速度减缓。另外，酸雾的凝结长大过程需要酸雾具有充足的停留时间，因此，烟气流速的增加导致酸雾的停留时间显著缩短。如图 3-8（b）所示，对于粒径小于 0.1μm 的酸雾，脱除效率随入口烟气流速的增大而减小，而对于微米粒径的酸雾，脱除效率随入口烟气流速的提高而显著增大。这主要是由于烟气温降减小导致酸雾所受热泳力和扩散泳力均减小，从而导致小粒径酸雾脱除效

率下降；烟气流速增大导致惯性碰撞和拦截作用增强，从而导致大粒径酸雾脱除效率提高。

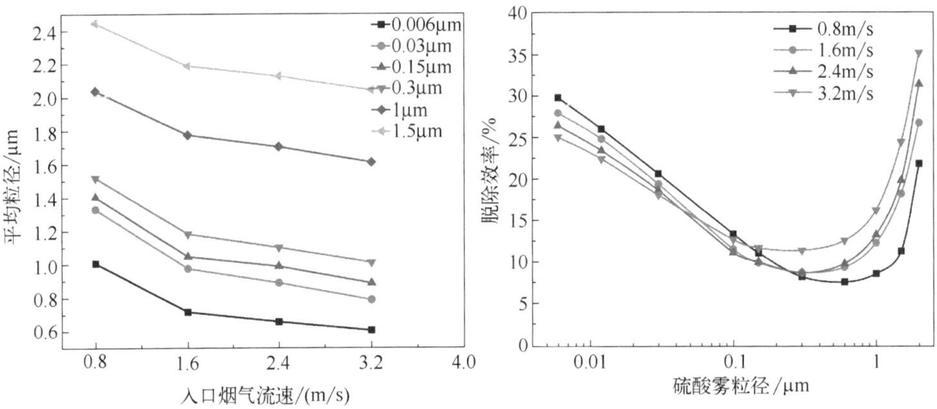

(a) 出口平均粒径的变化　　(b) 脱除效率的变化

图 3-8　入口烟气流速对硫酸雾脱除性能的影响

3.3.2　管翅式换热器

(1) 入口烟气温度的影响

图 3-9 为不同入口烟气温度下，硫酸雾的出口平均粒径和入口粒径介于 0.006～2μm 的酸雾的脱除效率。如图 3-9 (a) 所示，与光管换热器的变化规律相似，酸雾出口平均粒径随入口烟气温度的升高而增大。如图 3-9 (b) 所示，小粒径酸雾的脱除效率随入口烟气温度的升高而增加。与光管换热器相比较，管翅式换热器出口处酸雾的平均粒径随入口烟气温度的变化率减小。这主要是由于

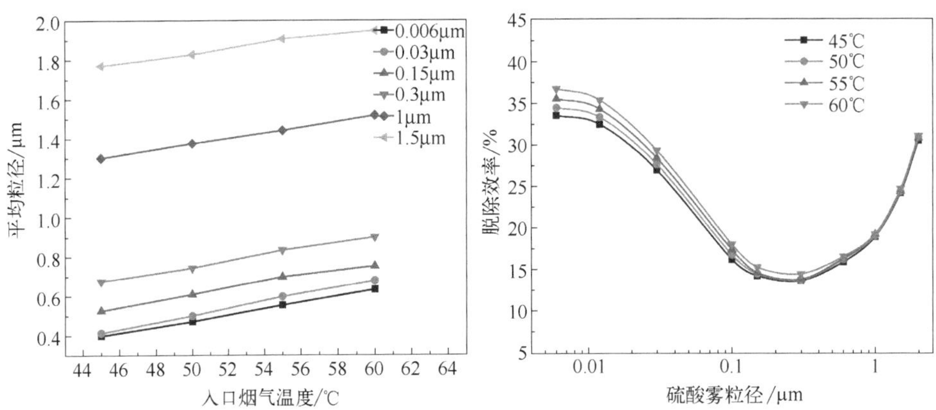

(a) 出口平均粒径的变化　　(b) 脱除效率的变化

图 3-9　入口烟气温度对硫酸雾脱除性能的影响

翅片也能够捕集一部分酸雾，使得管翅式换热器的脱除性能优于光管换热器。翅片与烟气之间存在温度差和浓度差，因此，小粒径的酸雾在热泳力和扩散泳力的作用下易被翅片捕集。

(2) 换热管束壁面温度的影响

图 3-10 为不同管束壁面温度下，硫酸雾出口平均粒径和入口粒径介于 0.006～2μm 的酸雾的脱除效率。由图 3-10 (a) 可知，出口平均粒径随管壁温度的升高而减小。当管壁温度由 18℃ 升高到 30℃ 时，管翅式换热器烟气温降减小了 4.7℃。烟气温降幅度减小说明烟气中水汽相变强度降低，酸雾表面的传质量减小，从而导致酸雾粒径增长幅度减小。

如图 3-10 (b) 所示，粒径小于 0.3μm 的酸雾脱除效率随管壁温度升高而减小，0.3μm 以上粒径的酸雾脱除效率变化很小。随着管壁温度的升高，烟气与换热管束和翅片表面之间的温差减小，热泳力效应减弱，同时水蒸气浓度差也减小，导致换热管束和翅片附近的扩散泳效应减弱。

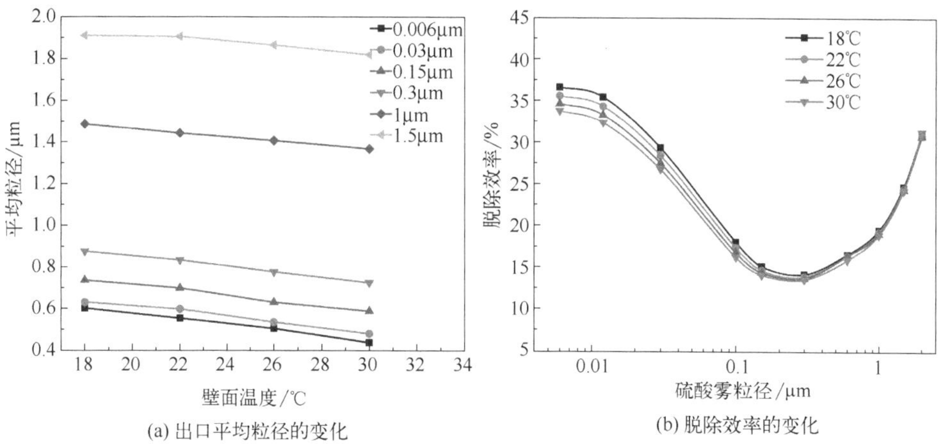

图 3-10 壁面温度对硫酸雾脱除性能的影响

(3) 入口烟气相对湿度的影响

图 3-11 为不同入口烟气相对湿度下，硫酸雾出口平均粒径和光管换热器对入口粒径介于 0.006～2μm 的酸雾的脱除效率。如图 3-11 (a) 所示，硫酸雾出口平均粒径随入口烟气相对湿度的增加而增大，但与光管换热器相比，粒径增加幅度较小，且酸雾出口平均粒径明显小于光管换热器。如图 3-11 (b) 所示，与光管换热器脱除规律相似，随着入口烟气相对湿度的增加，酸雾出口平均粒径和入口粒径小于 0.1μm 的酸雾脱除效率均缓慢增加。这是入口湿度增加导致的烟气冷凝水量增加和温降幅度略降低共同作用的结果。入口烟气相对湿度的增加导

致烟气温降减小了 2.1℃，这是由于冷凝水量增加导致释放到烟气中的潜热量增加。

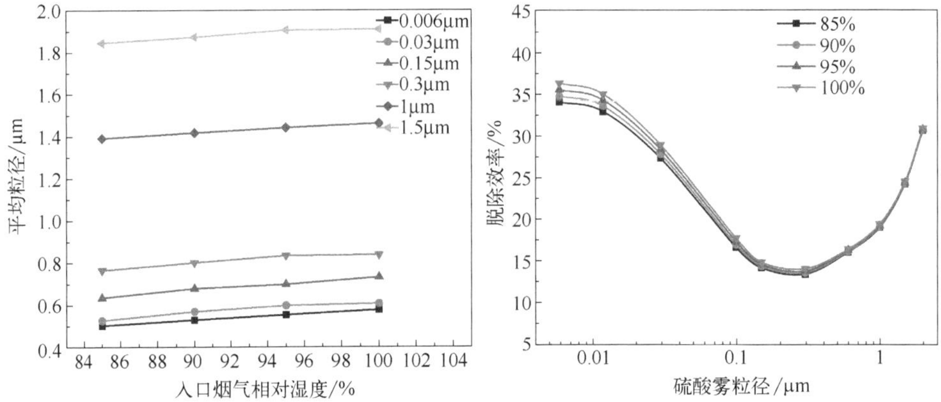

(a) 出口平均粒径的变化　　(b) 脱除效率的变化

图 3-11　入口烟气相对湿度对硫酸雾脱除性能的影响

(4) 入口烟气流速的影响

如图 3-12 (a) 所示，管翅式换热器入口处烟气流速对出口硫酸雾平均粒径的影响较大，出口平均粒径随烟气流速的增加而显著降低。当烟气流速从 0.8m/s 增大到 3.2m/s 时，一方面停留时间减少，另一方面换热效果变差，烟气温降幅度减小了 10.6℃。如图 3-12 (b) 所示，亚微米级酸雾的脱除效率随入口烟气流速的增大而减小，微米级的酸雾脱除效率随入口烟气流速的提高而显著增大。该变化趋势与光管换热器脱除规律一致，烟气温降减小导致热泳力和扩散泳力减小，从而导致小粒径酸雾脱除效率下降；烟气流速增大导致惯性碰撞和拦

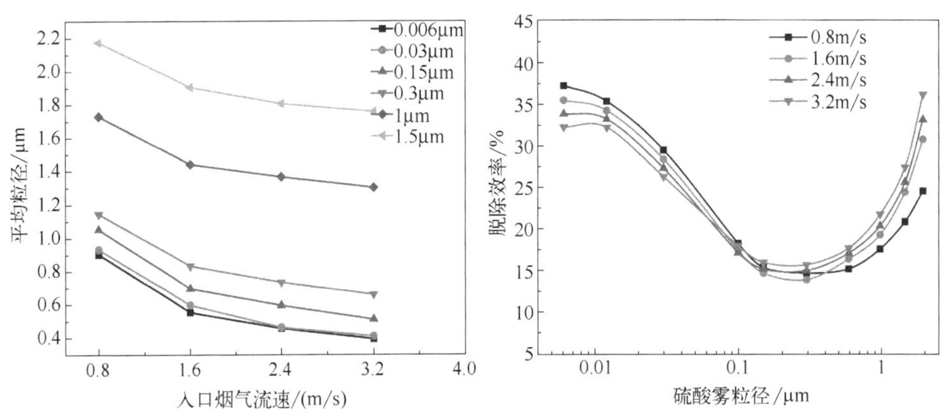

(a) 出口平均粒径的变化　　(b) 脱除效率的变化

图 3-12　入口烟气流速对硫酸雾脱除性能的影响

截作用增强，从而导致大粒径酸雾脱除效率增加。

3.3.3 涡管换热器

(1) 入口烟气温度的影响

在光管换热器内增加矩形小翼来强化硫酸雾的脱除，图 3-13 为不同入口烟气温度对涡管换热器硫酸雾出口平均粒径和脱除效率的影响。从图 3-13（a）中可以看出，涡管换热器出口酸雾的平均粒径随入口烟气温度的升高而增大，但变化并不显著；从图 3-13（b）中可以看出，脱除效率随粒径的增大整体呈先减小后增大的趋势，小粒径酸雾脱除效率随入口烟气温度的增加而增加。矩形小翼布置于换热管束尾部，虽然没有增加酸雾的捕集面积，但涡片一方面能够增强烟气与尾部管束的换热，使得尾部管束附近产生较大的温度差和浓度差，增加酸雾被换热管尾部捕集的概率；另一方面，矩形小翼组成的渐缩通道能够加速烟气，从而提高酸雾的惯性捕集效率。此外，矩形小翼延长了酸雾路径，增加了酸雾的碰撞捕集概率。酸雾捕集效率提高导致入口烟气温度对出口粒径大小的影响减弱。

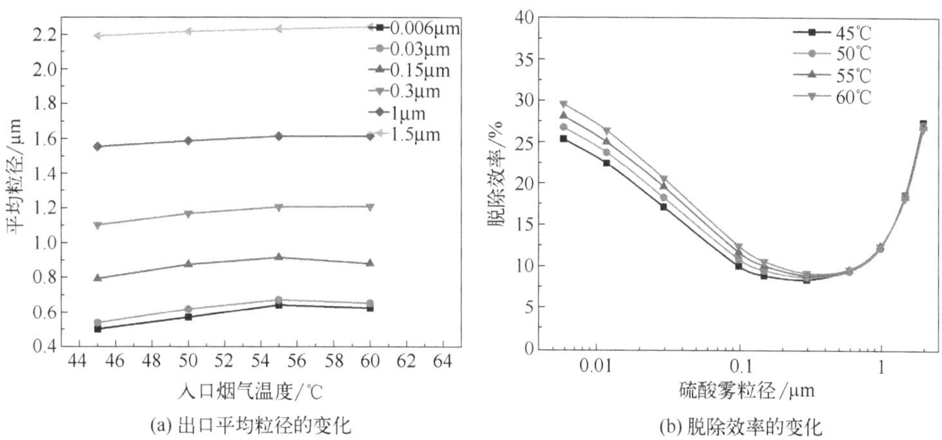

图 3-13　入口烟气温度对涡管换热器硫酸雾出口平均粒径和脱除效率的影响

(2) 换热管束壁面温度的影响

图 3-14 为不同管束壁面温度对涡管换热器硫酸雾出口平均粒径和脱除效率的影响。从图 3-14（a）中可以看出，涡管换热器出口硫酸雾的平均粒径随壁面温度的升高而减小；由图 3-14（b）可知，酸雾脱除效率随粒径的增大先减小后增加，粒径小于 0.3μm 的酸雾脱除效率随壁面温度的升高而降低，0.3μm 以上粒径的酸雾脱除效率变化很小。粒径变化和脱除性能与光管换热器和翅片换热器

相似。随着壁面温度的升高，烟气温降幅度减小了 6.3℃，烟气温降幅度减小导致酸雾表面传质量减小，同时扩散泳效应减弱。

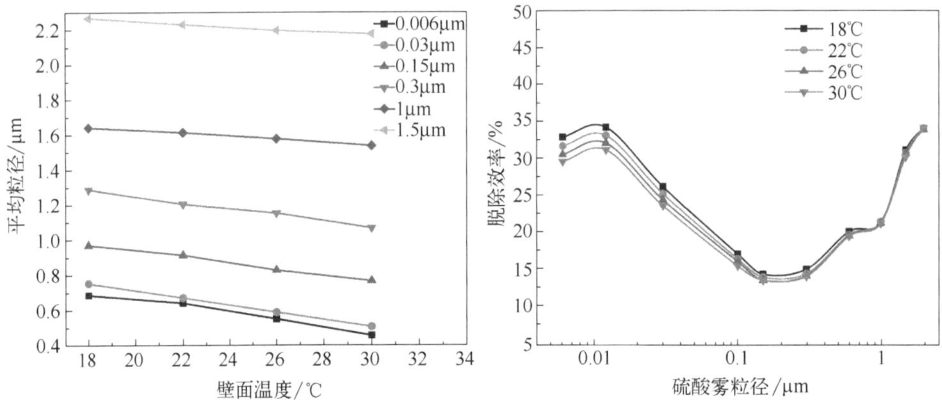

(a) 出口平均粒径的变化　　(b) 脱除效率的变化

图 3-14　不同管束壁面温度对涡管换热器硫酸雾出口平均粒径和脱除效率

(3) 入口烟气相对湿度的影响

图 3-15 所示为入口烟气相对湿度对涡管换热器脱除性能的影响。随着入口烟气相对湿度的增加，硫酸雾出口平均粒径增大，小粒径酸雾脱除效率缓慢提高。涡管换热器入口烟气相对湿度增加时，烟气温降幅度减小了 2.8℃，而冷凝水量增加，因此扩散泳效应增强是导致酸雾脱除效率提高的主要原因。

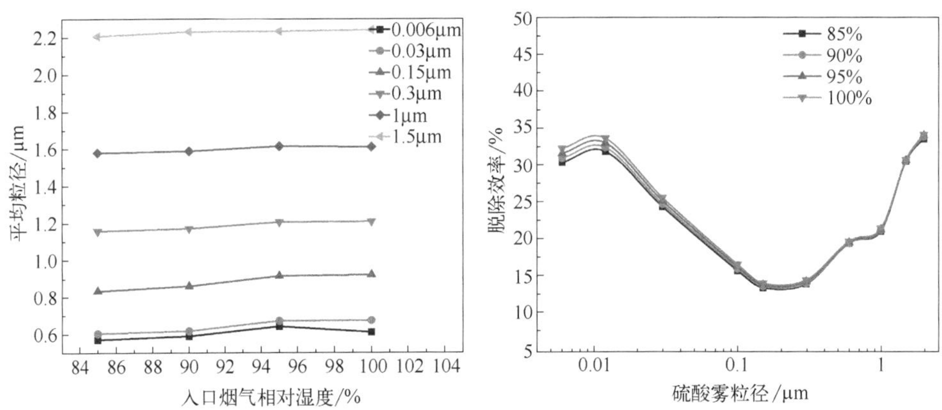

(a) 出口平均粒径的变化　　(b) 脱除效率的变化

图 3-15　入口烟气相对湿度对涡管换热器脱除性能的影响

(4) 入口烟气流速的影响

图 3-16 所示为入口烟气流速对涡管换热器脱除性能的影响。硫酸雾出口平均粒径随烟气流速的增加显著降低；随着烟气流速的增加，酸雾在涡流换热器内

停留时间减少，从而降低了小粒径酸雾的脱除效率，而随着流速增加，大粒径酸雾的惯性碰撞和拦截机制增强，因此大粒径酸雾的脱除效率随烟气流速的增加而增加。

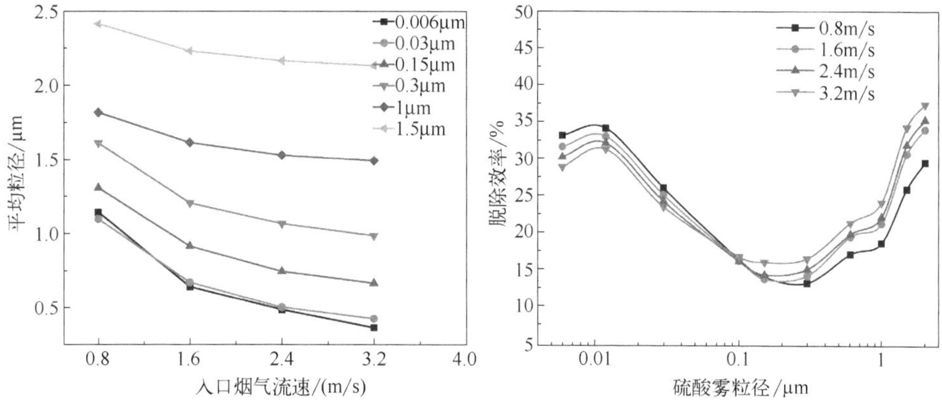

(a) 出口平均粒径的变化　　(b) 脱除效率的变化

图 3-16　入口烟气流速对涡管换热器脱除性能的影响

3.3.4　涡流换热器

(1) 入口烟气温度的影响

涡发生器主要通过增强二次流强度来改善圆管尾流区的流动特性，加强圆管后端与流体之间的换热。涡发生器在翅片表面产生低速回流区，受涡的影响，酸雾易进入回流区，在回流区内，酸雾运动速度减小，易沉积在翅片表面，最终随冷凝水流走。图 3-17 给出了入口烟气温度对涡流换热器脱除性能的影响。从

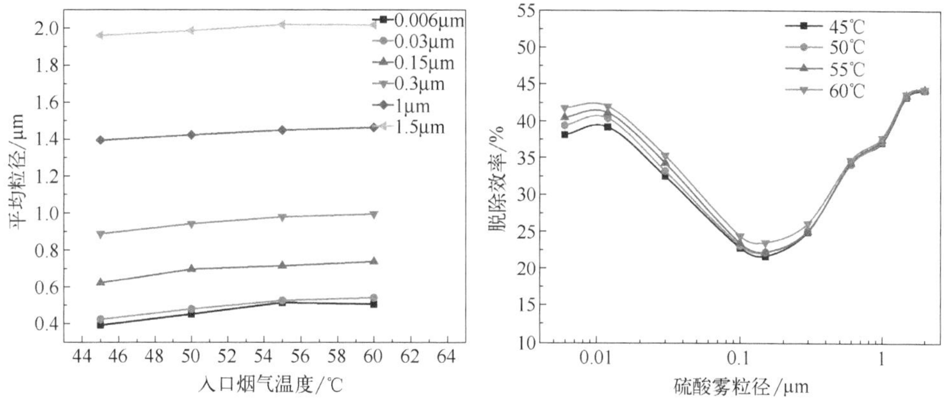

(a) 出口平均粒径的变化　　(b) 脱除效率的变化

图 3-17　入口烟气温度对涡流换热器脱除性能的影响

图 3-17 中可以看出，随着入口烟气温度的增加，硫酸雾出口平均粒径缓慢增大，增加幅度较小；初始酸雾粒径小于 0.6μm 时，随着入口烟气温度的升高，脱除效率增加，入口烟气温度对初始粒径大于 0.6μm 的酸雾几乎没有影响。入口烟气温度主要影响换热器内水汽相变程度，在涡发生器作用下，涡流换热器内不同粒径的酸雾脱除效率都显著高于光管换热器，因此水汽相变的强度对出口粒径和脱除效率的影响都明显减弱。

(2) 换热管束壁面温度的影响

图 3-18 为壁面温度对涡流换热器脱除性能的影响。硫酸雾出口平均粒径以及粒径小于 0.3μm 的酸雾脱除效率均随管束壁面温度的升高而减小。当管壁温度升高到 30℃，烟气温降减小了 6.5℃，水汽相变强度降低，热泳和扩散泳作用同时减弱。由于涡发生器对酸雾捕集的促进作用，壁面温度对脱除效率的影响也较小。

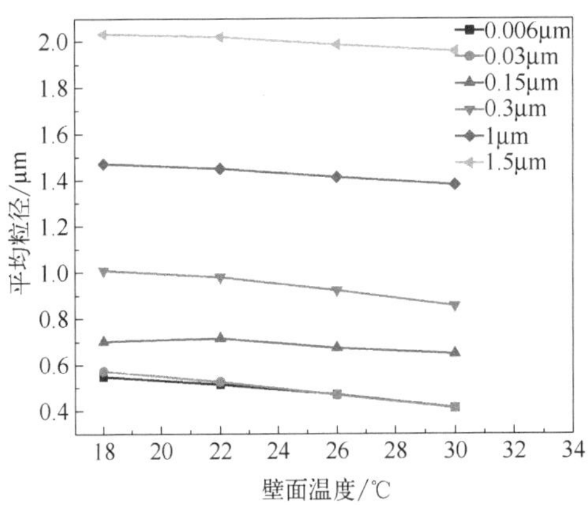

(a) 出口平均粒径的变化

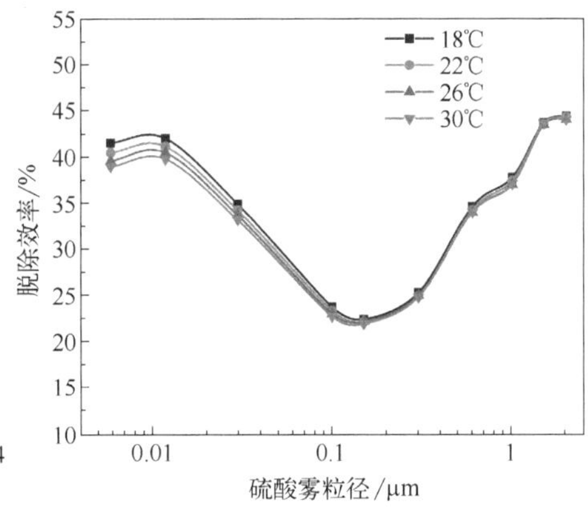

(b) 脱除效率的变化

图 3-18 壁面温度对涡流换热器脱除性能的影响

(3) 入口烟气相对湿度的影响

图 3-19（a）为涡流换热器硫酸雾出口平均粒径随入口烟气相对湿度的变化。从图 3-19（a）中可以看出，随着入口烟气相对湿度的增加，硫酸雾出口平均粒径略微增大。图 3-19（b）为涡流换热器酸雾脱除效率随入口烟气相对湿度的变化。小粒径酸雾的脱除效率随着入口烟气相对湿度的增加而缓慢增加。涡流换热器入口烟气相对湿度增加时，更多的水蒸气在管壁、翅片表面以及酸雾表面冷凝，虽然烟气温降幅度减小了 2.8℃，但管壁和翅片表面的扩散泳效应增强，导致酸雾脱除效率提高。入口烟气湿度的影响较入口烟气温度和壁面温度的影响更弱。

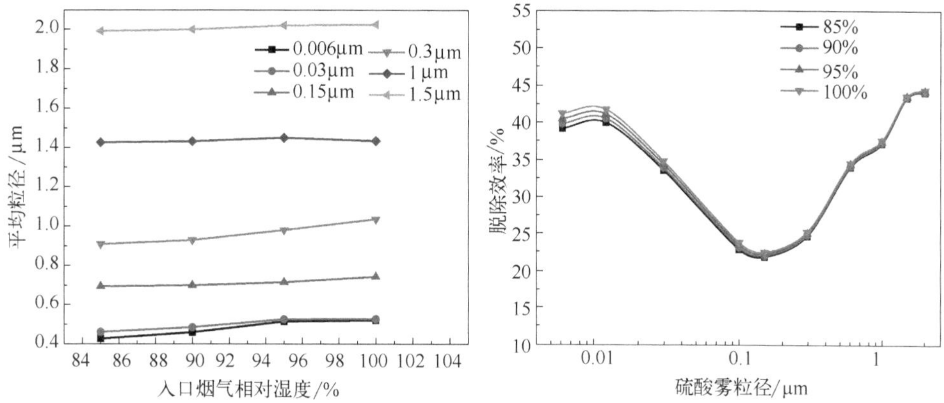

(a) 出口平均粒径的变化　　(b) 脱除效率的变化

图 3-19　入口烟气相对湿度对涡流换热器脱除性能的影响

(4) 入口烟气流速的影响

图 3-20 为入口烟气流速对涡流换热器脱除性能的影响。从图 3-20（a）中可以看出，硫酸雾出口平均粒径随烟气流速的增加显著降低；随着烟气流速增加，酸雾在涡流换热器内停留时间减少，同时烟气温降幅度减少，抑制了小粒径酸雾的长大。从图 3-20（b）中可以看出，随着入口烟气流速增大，小粒径酸雾脱除效率减小，而同时大粒径酸雾脱除效率增加。这是因为烟气流速增加时，由于温降幅度减小，小粒径酸雾所受热泳力和扩散泳力都减小，同时酸雾长大受到限制。而大粒径酸雾的惯性碰撞和拦截机制增强，同时在涡发生器作用下，酸雾运动轨迹延长，增加了大粒径酸雾的碰撞捕集效率，因此大粒径酸雾脱除效率随烟气流速的增加显著增加。

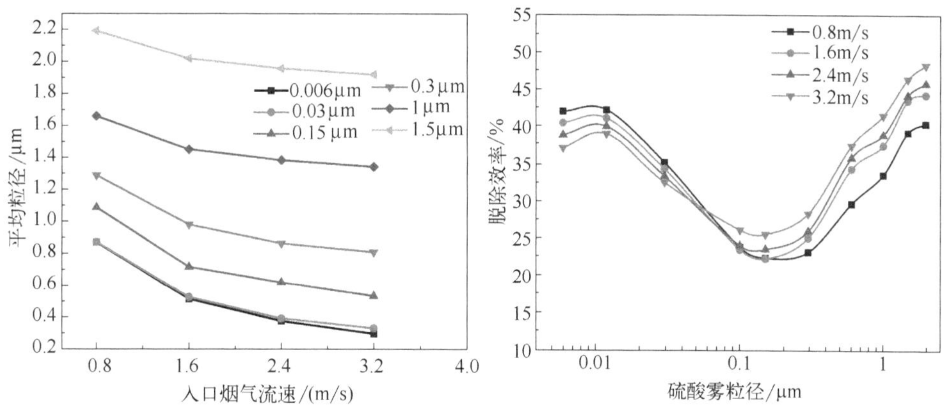

(a) 出口平均粒径的变化　　(b) 脱除效率的变化

图 3-20　入口烟气流速对涡流换热器脱除性能的影响

3.4 不同结构换热器脱除性能对比

3.4.1 脱除过程分析

在相同入口工况下对 4 种换热器内硫酸雾脱除过程进行模拟，典型工况取值：入口烟气温度为 55℃，换热管束壁面温度为 22℃，入口烟气相对湿度为 95%，入口烟气流速为 1.6 m/s。模拟得到换热器内的流场、温差场、水蒸气浓度场和烟气饱和度分布。

图 3-21 给出了 4 种换热器在 $z=94\text{mm}$ 处的横截面上的速度分布云图。对于光管和管翅式换热器，管束尾部由于边界层分离，烟气速度呈现最小值；有矩形小翼存在时，矩形小翼能够抑制换热管束上的流动边界层分离，使流动分离点后移，有利于烟气与管束尾部的换热。最大速度出现在涡流换热器中，高烟气流速对应较高的惯性捕集效率，有利于大粒径硫酸雾的脱除。管束尾迹区是换热最差的区域，涡发生器诱导产生的二次流作用于管束尾迹区，使得管束尾部的烟气与管束的换热增强，管束附近产生较大的温度差和水蒸气浓度差，增强了硫酸雾所受的热泳力和扩散泳力。当烟气通过涡发生器时，在矩形小翼尾部和翅片表面附近诱发了大量的低速回流区，流动缓慢，近乎静止，若硫酸雾进入该流动滞止区，由于速度很小，更容易沉积于翅片表面。此外，矩形小翼和管束尾部形成的锥形通道可以加速烟气，有利于硫酸雾在惯性碰撞和拦截作用下从主流烟气中分离。

扫码看彩图 3-21

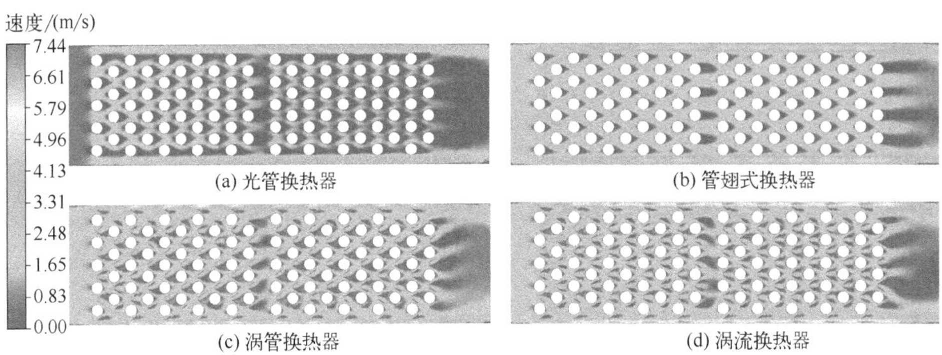

图 3-21 4 种换热器中间截面 z= 94mm 的速度分布云图

换热器内流线图如图 3-22 所示，对于光管和管翅式换热器，换热管束尾部存在回流，图中所示的涡为横向涡，旋转主轴方向与主流方向垂直，横向涡是由于流体在换热管束上的分离产生的，与主流流体的流动独立存在，不与主流流体进行质量交换。加入涡发生器后，产生的纵向涡使得流线向换热管束尾部弯曲，即大量烟气被诱导进入换热管束尾部，参与回流区的换热。涡发生器使得回流区尺寸显著减小。

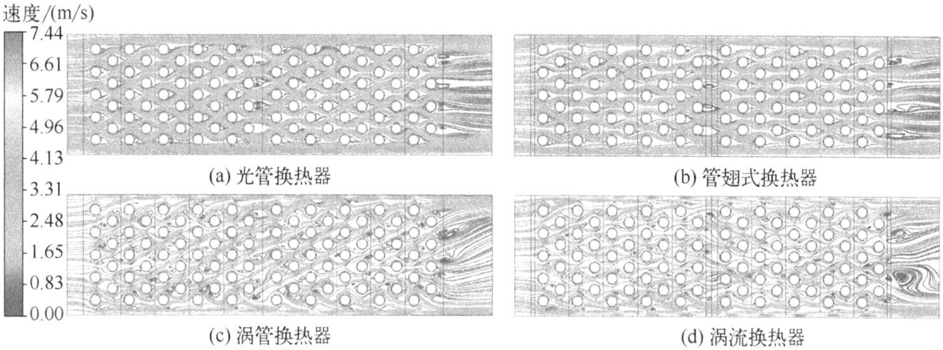

图 3-22　换热器内流线

图 3-23 和图 3-24 分别给出了 4 种换热器内温度和水蒸气分布云图。湿烟气进入换热器后，在换热管束表面进行传热传质，烟气温度沿烟气流动方向逐渐降低。在换热管束周围形成了较大的温度梯度场，产生的指向管束的热泳力会拖拽硫酸雾与管束碰撞。热泳力的大小与温度梯度呈正相关。相比于惯性碰撞和拦截，小粒径的硫酸雾受热泳效应的影响更大。如图 3-24 所示，水蒸气浓度变化与烟气温度变化规律一致，在流动过程中逐渐降低。说明换热管束周围同样产生了较大的水蒸气浓度梯度。扩散泳力与水蒸气浓度梯度呈正相关，水蒸气浓度梯度越大，硫酸雾所受的扩散泳力越大。

扫码看彩图 3-22

扫码看彩图 3-23

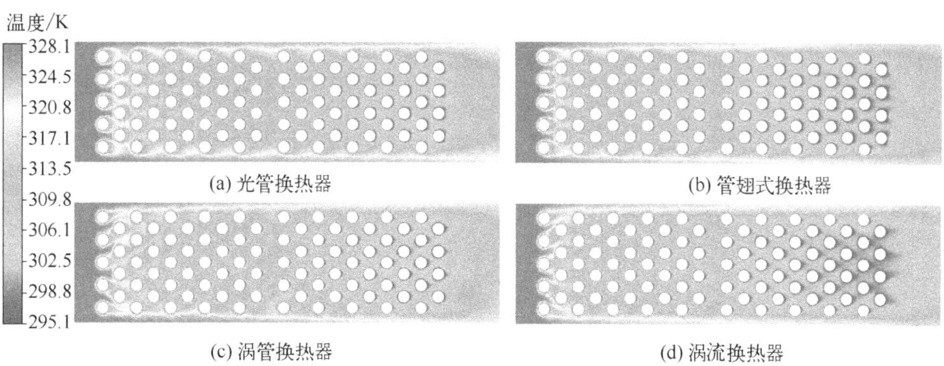

图 3-23　4 种换热器内温度分布云图

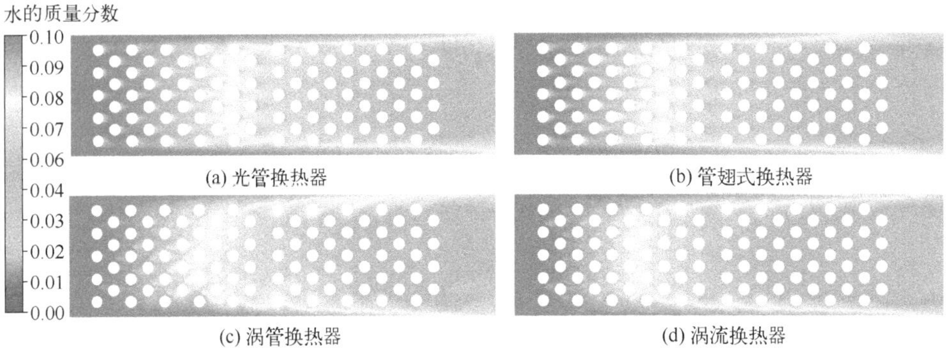

图 3-24　4 种换热器内水蒸气分布云图

扫码看彩图 3-24

换热器内烟气饱和度分布如图 3-25 所示，4 种换热器中光管换热器出口的烟气饱和度最小，涡流换热器出口饱和度最高。烟气温度降低会导致烟气饱和度增大，而水蒸气冷凝又会降低烟气饱和度，综合的结果是在烟气流动过程中饱和度缓慢增加。换热管束周围的饱和度比主流烟气饱和度更大，而涡发生器的存在又能够增加尾迹区的烟气饱和度。在烟气流动过程中，烟气饱和度始终较高，说明几乎所有粒径大小的硫酸雾都能够被核化，同时饱和度大小会影响硫酸雾粒径增长速度，从而对脱除性能产生影响。

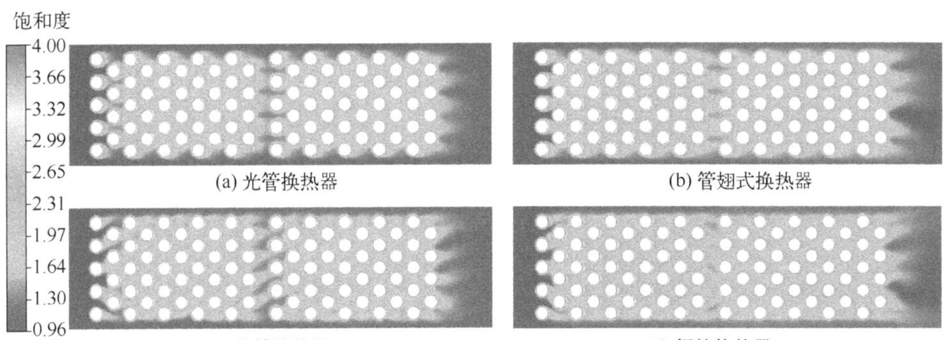

图 3-25　换热器内烟气饱和度分布云图

扫码看彩图 3-25

3.4.2 换热和脱除性能比较

比较典型工况下 4 种换热器的换热和脱除性能。烟气温降和不同粒径的硫酸雾脱除效率如图 3-26（a）和图 3-26（b）所示。从图 3-26（a）可知，烟气温降幅度从小到大排序为：光管换热器＜涡管换热器<管翅式换热器<涡流换热器。结果表明，光管换热器的换热性能最差，在光管换热器中设置矩形小翼时，矩形小翼对换热性能的影响较小，烟气温降只增加了 0.2℃。而在管翅式换热器中设置矩形小翼能够显著提高换热器的换热性能。这是因为矩形小翼型涡发生器能够诱导产生大量纵向涡，将流体引入管束尾迹区，强化主流烟气与管束尾迹区烟气的混合，从而改善尾迹区换热。在翅片表面产生的纵向涡能够减薄翅片表面的热边界层，强化翅片与烟气的换热。

从图 3-26（b）可知，光管脱除性能最差，其次是管翅式换热器和涡管换热器，涡流换热器酸雾脱除性能最好。管翅式换热器和涡管换热器与光管换热器相比，各个粒径段的酸雾的脱除效率都有很大提高。粒径小于 0.1μm 的硫酸雾，

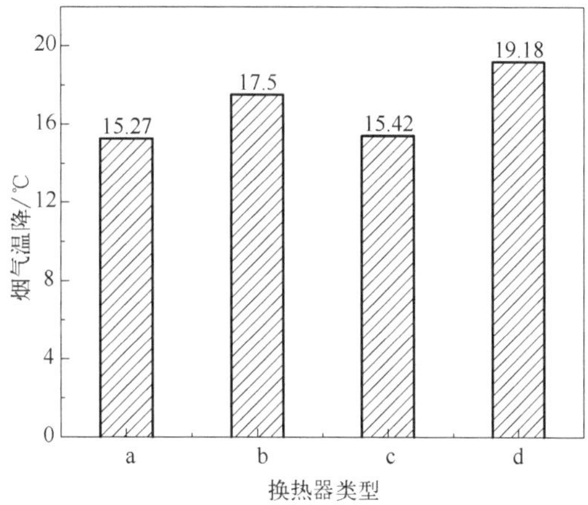

(a) 烟气温降

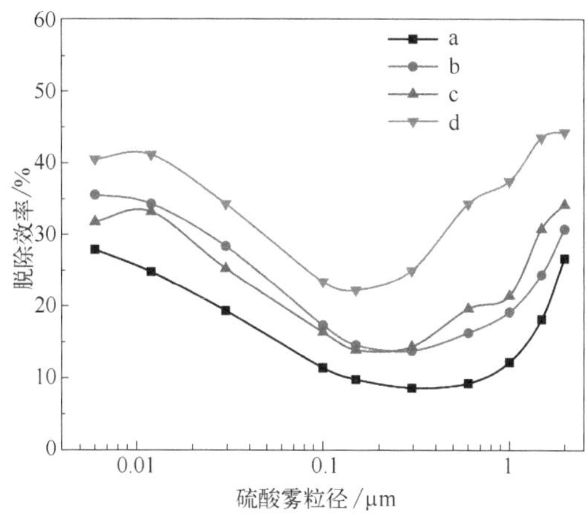

(b) SO_3脱除效率

图 3-26 不同换热器烟气温降比较

a—光管换热器；b—管翅式换热器；c—涡管换热器；d—涡流换热器

管翅式换热器的脱除效率略高于涡管换热器，而粒径大于 0.3μm 的硫酸雾，涡管换热器的脱除效率略高于管翅式换热器。这是因为翅片周围存在较大温度差和水蒸气浓度差，导致热泳和扩散泳效应增强，粒径小于 0.1μm 的酸雾易在热泳力和扩散泳力的作用下被捕集。而矩形小翼与管束之间形成的渐缩通道能够加速烟气，使得微米级尺寸的酸雾在惯性碰撞和拦截的作用下被捕集。涡流换热器对各个粒径段的酸雾都有较好的脱除性能，模拟结果表明涡发生器能够显著提高凝变换热器的硫酸雾脱除性能。

3.5 本章小结

本章建立了烟气冷凝相变过程中硫酸雾捕集预测模型，通过模拟计算得到以下结论。

① 针对烟气凝变过程中硫酸雾脱除过程进行分析，建立了硫酸雾捕集预测模型，其中酸雾运动子模型根据酸雾在换热器内的受力分析来建立，考虑酸雾所受曳力、重力、热泳力和扩散泳力，计算得到酸雾的运动轨迹，根据运动轨迹判断酸雾在运动过程中是否与管束和翅片碰撞而移除。选取了 4 种不同结构的凝变换热器，模拟了烟气凝变过程中硫酸雾的脱除过程。

② 基于 4 种不同结构的换热器模型，模拟了不同工况条件对硫酸雾脱除性能的影响。涡流换热器的换热和脱除性能最好，涡流换热器对各个粒径段的酸雾都有较好的脱除性能。分析了换热器入口烟气温度、管束壁面温度、入口烟气湿度和烟气流速对硫酸雾脱除特性的影响。亚微米粒径的酸雾捕集机理以热泳和扩散泳为主，提高入口烟气温度和相对湿度，降低壁面温度和入口烟气流速都有利于酸雾粒径的增长和脱除。微米粒径的酸雾捕集机理以惯性碰撞和拦截为主，提高烟气流速有助于微米粒径酸雾的脱除。

第4章

硫酸雾脱除特性实验研究

在研究烟气冷凝相变过程中硫酸雾变化特性及脱除方法时，需要关注三个问题：一是在烟气冷凝过程中硫酸雾的粒径变化及脱除规律；二是如何强化烟气冷凝过程中硫酸雾的脱除；三是多污染物的协同脱除效果。为此，本书设计并搭建完成了硫酸雾脱除实验系统和 SO_3 采样分析系统，设计加工了两种不同结构的凝变换热器，首先实现了硫酸雾的生成以及烟气的冷凝，以此开展了硫酸雾在烟气冷凝过程中的脱除特性实验研究。

近年来，研究人员针对湿法脱硫烟气的深度净化进行了许多研究，如添加蒸汽、湿空气或利用换热器降温创建过饱和水汽环境，以促进湿烟气中的微细颗粒物长大及脱除。但先前的研究主要针对颗粒物的脱除，专门针对硫酸雾的研究很少，且大多利用普通光管换热器监测进出口的酸雾质量浓度变化。因此，本章通过两个不同结构的凝变换热器进行酸雾脱除的对比实验，以便更深入地揭示烟气凝变过程中硫酸雾的脱除规律。本章首先对实验系统和实验方法进行了介绍和说明，对凝变换热器的硫酸雾脱除特性进行实验研究，同时对第 3 章建立的酸雾脱除模型进行实验验证。利用搭建的硫酸雾脱除实验系统，测量了烟气温度、循环冷却水温度、凝结水量以及凝变换热器进出口酸雾粒径分布，将所得分级脱除效率与模型预测结果进行了比较；同时通过实验考察了不同实验条件对换热器脱除硫酸雾和水热回收性能的影响，最后对换热器耦合除雾器脱除硫酸雾的性能进行了分析。

4.1 硫酸雾脱除实验系统

如图 4-1 所示，该实验系统主要包括四部分：模拟烟气发生系统、SO_3 发生器、凝变换热系统、循环水系统。硫酸雾脱除系统实物如图 4-2 所示。模拟烟气由变频风机产生，风量通过调节变频器频率来控制。产生的模拟烟气通过电加热器调节温度，随后进入酸雾室。在酸雾室内，模拟烟气通过蒸汽发生器调节湿

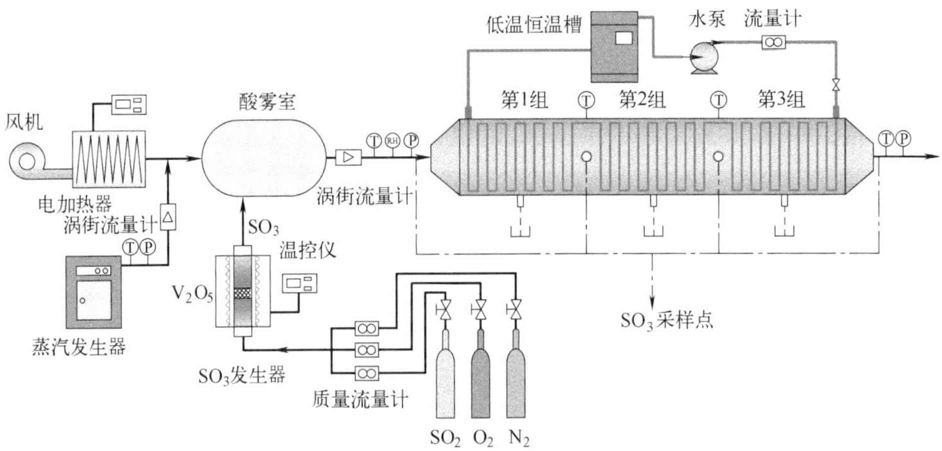

图 4-1　硫酸雾脱除实验系统示意

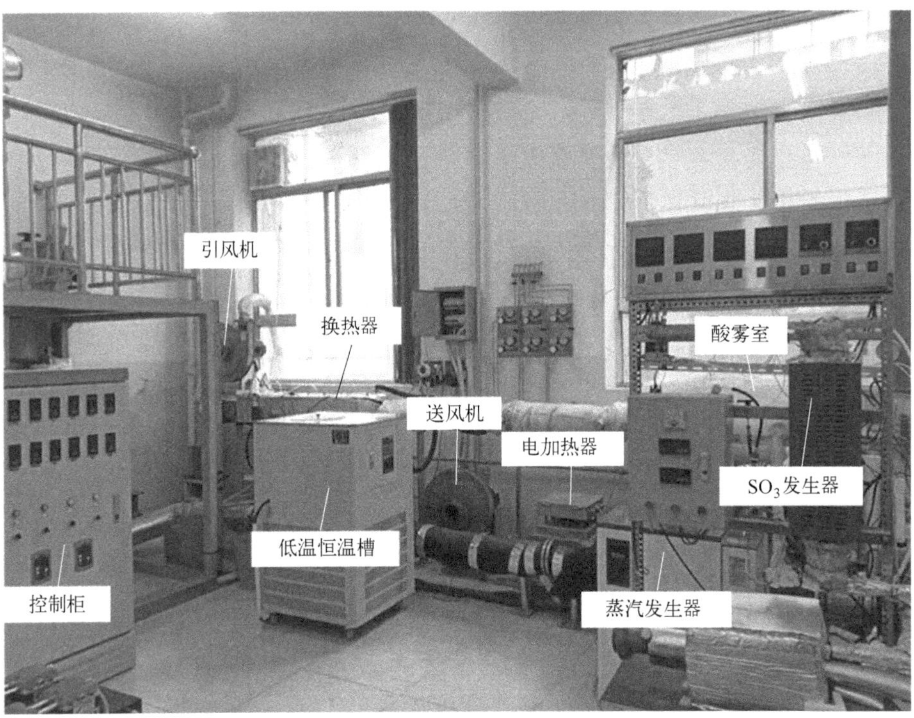

图 4-2　硫酸雾脱除系统实物

度。为防止水蒸气在酸雾室内冷凝，酸雾室应先进行预热。SO_3 发生器产生的高温 SO_3 气体进入酸雾室并与水蒸气发生反应，从而生成硫酸雾。产生的酸雾随模拟烟气进入后续烟道以及冷凝脱除单元。酸雾室设置颗粒物入口，以模拟不同工况的烟气。循环冷却水通过低温恒温槽控制入口温度和流量，进入凝变换热器内与烟气换热后再回到低温恒温槽降温至设定温度。换热器的换热管束分为三组，每段换热器下方设置有集水槽，冷凝水经集水槽流出并收集，用于水量和水质分析。

此外，系统不同位置处均设有流量计、温湿度和压力传感器，以监测烟气、水蒸气、循环水流量和各个位置处的温度、压力和湿度。每段换热器的进出口设置 SO_3 采样点，用于监测硫酸雾数量浓度变化以及 SO_3 质量浓度。下文对系统的主要部件以及实验参数进行具体说明。

(1) 模拟烟气发生系统

模拟烟气发生系统主要由送风机、引风机、电加热器、蒸汽发生器和酸雾室等组成。两台风机为 9-19-2.5A 高压离心风机，流量为 178～368m^3/h，全压为 1171～1290Pa。采用电加热器调节模拟烟气温度，电加热器额定功率为 8kW，加热管材质为 SS304。

采用某国产蒸汽发生器调节模拟烟气的湿度。蒸汽发生器额定蒸发量为 8～13kg/h，额定功率为 6/9kW，蒸汽压力可在 0.013～0.7MPa 之间调节。蒸汽发生器主要由炉胆、加热器、供水系统、控制系统、外壳五大部分组成。炉胆水容积为 16 L，加热器位于炉胆底部，完全浸没于水中。供水系统由水箱、高压齿轮泵组成，可以在不影响蒸汽压力和温度的同时向炉胆供水。控制系统是水蒸气发生器的“心脏”，具有自动供水、自动加热、低水位报警等功能。

(2) SO_3 发生器

SO_3 性质活泼，且难以储存和运输。因此实验室 SO_3 一般没有标气可用，需在实验室条件下制取 SO_3 气体，SO_3 生成方式可以分为物理和化学两种。物理生成方式主要指发烟硫酸释放 SO_3 法，化学生成方式包括 SO_2 氧化法（氧化剂 O_2、O_3）、加热分解硫酸氢钠（$NaHSO_4$）法、五氧化二磷（P_2O_5）与浓硫酸加热法获得 SO_3。物理法及加热分解法不易控制，为了获得稳定的 SO_3 气源，本书选择工业硫酸制法——接触法制取 SO_3，即 V_2O_5 催化氧化法，化学反应方程式如下。

$$SO_2+\frac{1}{2}O_2 \xrightleftharpoons{V_2O_5} SO_3 \tag{4-1}$$

其反应机理如下。

$$SO_2 + V_2O_5 \longrightarrow V_2O_4 + SO_3 \tag{4-2}$$

$$V_2O_4 + 2SO_2 + O_2 \longrightarrow 2VOSO_4 \tag{4-3}$$

$$2VOSO_4 \longrightarrow V_2O_5 + SO_3 + SO_2 \tag{4-4}$$

SO_3 发生器实物如图 4-3 所示，主要包括气瓶、减压阀、质量流量计、混合器、催化反应炉、尾气处理部分。通过质量流量计精确控制气体流量，SO_2 和 O_2 在混合器内混合均匀后进入催化反应炉，反应炉控制温度在 485℃，混合气体在炉内通过催化剂后，催化生成 SO_3。反应炉中的反应器为中空石英管，高温区筛板上放置催化剂层，并用热电偶测量催化剂的温度。为避免冷凝，反应炉出口管路采用加热带全程伴热。

图 4-3　SO_3 发生器实物

催化剂选用 S101 型中温柱状钒基催化剂。如图 4-4 所示，利用烟气分析仪监测反应前和反应后的 SO_2 浓度，催化剂的催化效率能够达到 90%以上，且生成的 SO_3 浓度在后续基本稳定。

(3) 凝变换热系统

为考察不同结构换热器对硫酸雾的捕集性能，设计并加工了两种不同结构的换热器，一个为光管冷凝器，另一个为带涡发生器的管翅式冷凝器，本书后文称为涡流换热器。为方便比较，两个换热器均为管箱结构，采用相同的管径、管束数量以及相同的入口截面积（宽度和高度相等），均为叉排布置，循环冷却水在

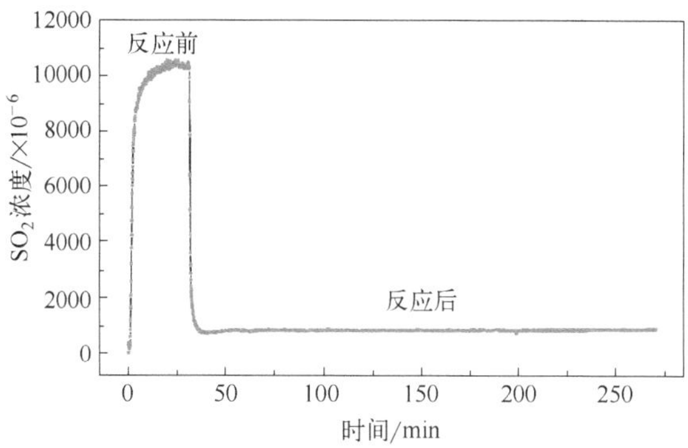

图 4-4　SO_2 催化反应前后浓度变化

管内流动，模拟烟气横掠管束，冷却水与烟气逆流换热。换热器材质为 2205 不锈钢，具体结构参数如表 4-1 所示。

表 4-1　换热器结构参数

项目	单位	光管换热器	涡流换热器
气侧截面尺寸（宽×高）	mm	200×154	200×154
换热器长度	mm	1230	1512
换热器宽度	mm	284	284
垂直管心距	mm	24	27
水平管心距	mm	21	21
管内径	mm	12	12
管外径	mm	14	14
翅片间距	mm	—	13
翅片厚度	mm	—	1
涡片宽度	mm	—	9
涡片厚度	mm	—	1

换热器结构示意和实物分别如图 4-5 和图 4-6 所示。每个冷凝器分为三段，由三组相同结构和换热面积的管束组成。每段换热器底部安装有水封装置，在冷凝水连续排出的同时保证了换热器的密封性。换热器出口设置丝网除雾器，用于拦截增大后的硫酸雾、颗粒物以及夹带的冷凝液滴。每段换热器进出口以及除雾

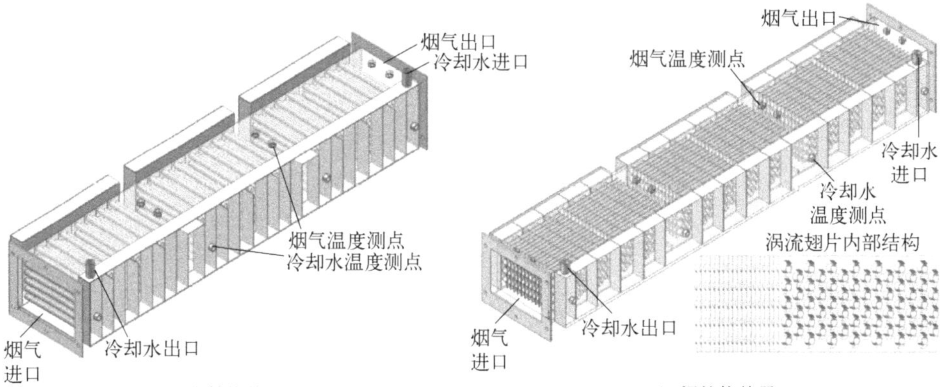

(a) 光管换热器　　(b) 涡流换热器

图 4-5　换热器结构示意

(a) 光管换热器

(b) 涡流换热器

图 4-6　换热器实物

器出口均设有 SO_3 采样点。

(4) 循环冷却水系统

低温恒温槽通过调节进入换热器的循环冷却水的温度以及流量来控制换热器的降温幅度。低温恒温槽型号为 DHFY-50/20，容积为 50L，最大流量为 20L/min，最大扬程为 7m，加热功率为 5000W，压缩机功率为 2940W，额定制冷量为 11800W。采用 PID 自动控制系统，控温范围为 −20～99℃，控温精度为 ±0.5℃。

4.2 硫酸雾采样及分析系统

4.2.1 硫酸雾采样步骤及分析方法

燃煤烟气中 SO_3 的测量一直是国内外测试技术的难点之一。常用的 SO_3 采样方法主要有控制冷凝法和异丙醇吸收法。控制冷凝法测试结果较为准确，且重复性好，是目前最常用的检测 SO_3 的方法。因此，本书根据控制冷凝法原理，并依据《燃煤烟气脱硫设备性能测试方法》（GB/T 21508—2008）和《生活饮用水标准检验方法 无机非金属指标》（GB/T 5750—2006）对硫酸雾进行采样和测试分析。硫酸雾采样示意和实物如图 4-7 和图 4-8 所示。

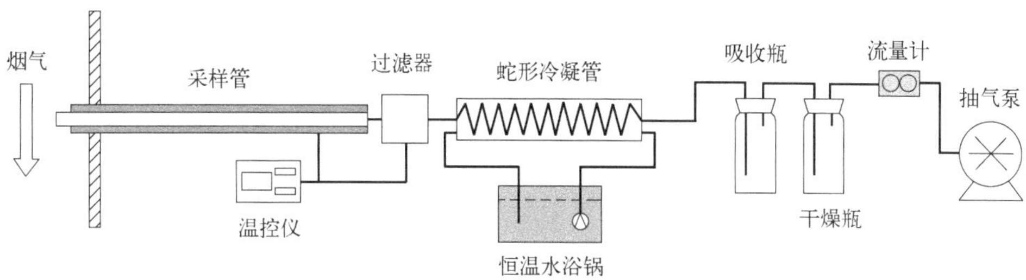

图 4-7 硫酸雾采样示意

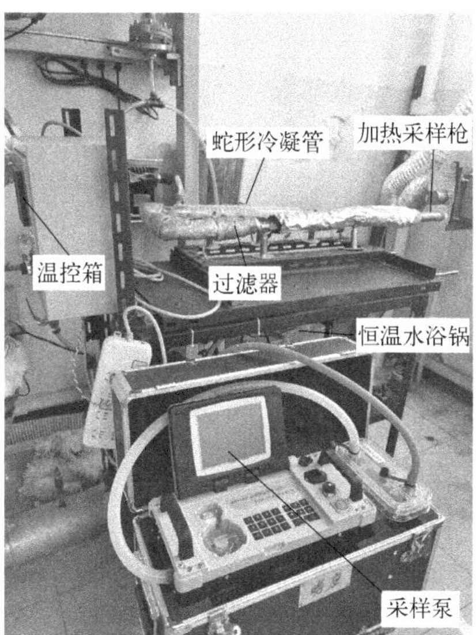

图 4-8 硫酸雾采样实物图

首先，高温采样枪将烟气抽出，随后烟气进入蛇形冷凝管，硫酸雾被蛇形冷凝管捕集。采样枪和过滤器加热至200℃以上，过滤器用于捕集烟气中的固体颗粒物。蛇形冷凝管利用恒温水浴锅控制温度在70℃，该温度低于酸露点并高于水露点，防止烟气中的水蒸气在冷凝管内冷凝。蛇形冷凝管出口连接洗气瓶和干燥瓶，尾部连接抽气泵。本书采用崂应3012H型自动烟尘测试仪作为硫酸雾采样的抽气泵进行采样。采样结束后，反复冲洗蛇形冷凝管，收集的酸溶液利用紫外可见分光光度计（上海元析仪器UV-8800T）间接确定SO_4^{2-}浓度。

4.2.2 硫酸雾粒径分布测量系统

硫酸雾粒径分布采用芬兰Dekati公司生产的低压荷电撞击器（electrical low pressure impactor，ELPI+^{TM}）在线测量。测量原理为烟气携带硫酸雾进入仪器后，首先在荷电器中荷电，被测量的酸雾负荷了一定电量后进入撞击器进行惯性分级，不同空气动力学直径的酸雾分别被各级撞击器收集在收集盘上。计算机通过对获得的电流信号进行处理即可得到硫酸雾的浓度、粒径分布。ELPI+^{TM}将0.006～10μm的酸雾分为14级，可实时在线测试质量及数量浓度分布。

如图4-9所示为测试系统，烟气首先经过旋风除尘器去除大粒径颗粒，随后进入稀释器与稀释空气混合，经Nafion干燥管进入ELPI系统。由于采样环境为高湿烟气，稀释气体需提前加热，采样系统全程加热，避免水蒸气冷凝对测量结果造成干扰。Nafion干燥管中包含的磺酸基团具有高度亲水性，可以从内部气流中吸收气态水并转移到外管的反吹气中，不会影响采样气体中的其他成分。

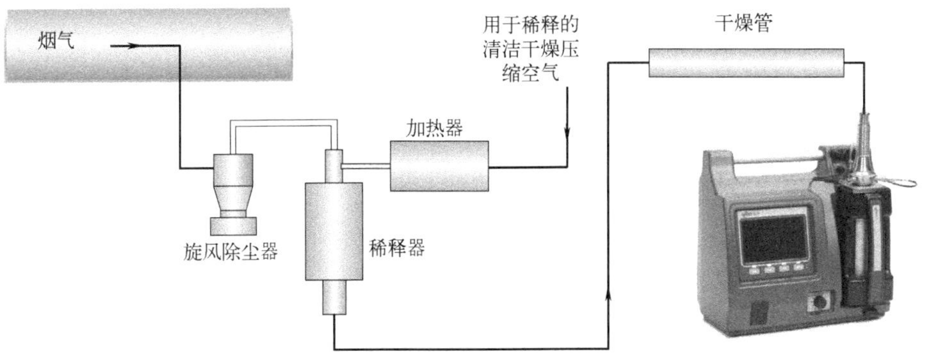

图4-9 测试系统

4.2.3 气态污染物测量系统

由于本书实验中所用 SO_3 气体是采用 SO_2 气体实时氧化生成的，因此需对 SO_2 的浓度进行监测，采用德国德图有限公司生产的 Testo 350 烟气分析仪测量烟气中 SO_2 浓度。

4.3 实验所用气体、药品、仪器仪表

实验所用气体和化学药品如表 4-2 所示。实验所用仪器仪表如表 4-3 所示。

表 4-2 实验所用气体和化学药品

名称	化学式	纯度	产地
氮气	N_2	99.9%	济宁市协力特种气体有限公司
氧气	O_2	99.3%	济宁市协力特种气体有限公司
二氧化硫	SO_2	2%	济宁市协力特种气体有限公司
氯化钠	NaCl	分析纯	上海阿拉丁试剂有限公司
硫酸钠	Na_2SO_4	分析纯	上海阿拉丁试剂有限公司
无水乙醇	C_2H_5OH	分析纯	上海阿拉丁试剂有限公司
甘油	$C_3H_8O_3$	分析纯	上海阿拉丁试剂有限公司
盐酸	HCl	分析纯	上海阿拉丁试剂有限公司
氯化钡	$BaCl_2 \cdot 2H_2O$	分析纯	上海阿拉丁试剂有限公司
S101 型催化剂	V_2O_5	—	河南开封三丰催化剂厂
去离子水	H_2O	—	—

表 4-3 实验所用仪器仪表

仪器名称	型号	产地
蒸汽发生器	LDR0.013-0.7	张家港市尚亿热能设备有限公司
低温恒温槽	DHFY-50/20	上海科兴仪器有限公司

续表

仪器名称	型号	产地
空气压缩机	GA82Y	上海硅莱实业有限公司
蠕动泵	BT-100	保定兰格恒流泵有限公司
质量流量计	D08-1F	北京七星华创电子股份有限公司
铂电阻、热电偶及数显仪	HYD-7411	上海霍宇仪器仪表有限公司
涡街流量计	DN125/DN100	上海上戈传感器技术有限公司
电子恒温水浴锅	DZKW-4	北京中兴伟业仪器有限公司
电子天平	MS105DU	瑞士梅特勒-托利多仪器有限公司
烘箱	GZX-9070MBE	上海博讯医疗生物仪器有限公司
紫外可见分光光度计	UV-8000T	上海元析仪器有限公司
SO_2 气体报警器	HD-T700	济南瀚达电子科技有限公司
烟气分析仪	Testo 350	德国德图有限公司

4.4 数据处理及误差分析

本章通过质量、数量脱除效率以及分级脱除效率评估硫酸雾的脱除性能，硫酸雾的质量脱除效率用 SO_3 的脱除效率来表征，即硫酸雾进出口的质量浓度为 SO_3 的质量浓度。脱除效率计算公式如下。

$$\eta=\frac{C_{in}-C_{out}}{C_{in}}\times100\% \tag{4-5}$$

式中 η——SO_3 脱除效率，%；

C_{in}——进口质量（数量）浓度，mg/m^3（个/cm^3）；

C_{out}——出口质量（数量）浓度，mg/m^3（个/cm^3）。

分级脱除效率 η_i 计算公式如下。

$$\eta_i=\frac{N_{i,in}-N_{i,out}}{N_{i,in}}\times100\% \tag{4-6}$$

式中　$N_{i,in}$——进口数量浓度，个/cm^3；

$N_{i,out}$——出口数量浓度，个/cm^3。

实验系统中测量仪表的精度直接影响实验结果，实验所用仪器精度如表 4-4 所示。

表 4-4　实验所用仪器精度

参数	仪器	测量范围	不确定度
气体体积流量	涡街流量计	35～380m^3/h	±1.5%R
循环水体积流量	转子流量计	0～1000L/h	±1.5%FS
温度	PT100	－50～420℃	A 级(±0.15℃)
湿度	温湿度计	0～100%	±2%RH
质量	天平	68～210g	±0.1mg

根据不同的评估方法，标准不确定度可分为 A 类评定和 B 类评定[167]。A 类标准不确定度是基于对硫酸雾的多次重复采样测量得到的实验数据，B 类标准不确定度的评定是基于测量用仪表的精度、测量环境等对测量结果的影响。本书中 SO_3 质量浓度的测量，每个工况的测量重复三次。A 类标准不确定度可通过下式计算。

$$s=\sqrt{\frac{\sum_{i=1}^{n}(x_i-\overline{x})^2}{n(n-1)}} \tag{4-7}$$

式中　s——实验标准差；

n——重复测量次数；

x_i——第 i 次测量值；

$\overline{x}$——测量结果算术平均值。

根据测量仪器的误差，B 类标准不确定度可由仪表制造商的技术说明书得到。确定 A 类和 B 类标准不确定度后，可通过求两个不确定度的平方和的平方根得到合成标准不确定度[168]。通过计算，气体流量、水流量、温度、湿度、SO_3 质量浓度和数量浓度的相对标准不确定度依次为 2.2%、3.3%、2.9%、2.1%、2.6%和 4.9%和 4.7%硫酸雾数量浓度的相对不确定度为 4.7%。

4.5 硫酸雾生成分析

SO_3 气体在湿法脱硫过程中首先与水蒸气反应生成硫酸蒸气，在烟气降温和增湿过程中，硫酸蒸气易与水分子结合形成水合物，如 $H_2SO_4 \cdot H_2O$，$H_2SO_4 \cdot 2H_2O \cdots H_2SO_4 \cdot nH_2O$，反应方程如下。

$$H_2SO_4 \cdot (n-1)H_2O + H_2O \rightleftharpoons H_2SO_4 \cdot nH_2O \tag{4-8}$$

式中 n——水合物中的水分子数。

随着烟气湿度的增加，硫酸蒸气温度迅速降至酸露点以下。利用 Vehkamaki 等[169] 提出的硫酸蒸气饱和分压计算公式，绘制了不同湿度下硫酸蒸气饱和分压与温度的关系曲线。如图 4-10 所示，降低烟气温度和提高烟气湿度都会导致硫酸蒸气饱和分压降低。当 SO_3 浓度为 30mg/m^3，烟气温度为 55℃，相对湿度为 100%时，硫酸蒸气的最大饱和分压仅为 0.00023Pa。因此，硫酸蒸气易达到较大的过饱和度，导致 H_2SO_4-H_2O 二元均相成核，产生的酸雾粒径极小。根据 Vehkamaki 等提出的 H_2SO_4-H_2O 二元成核参数化算法，初始成核数量高达 1.13×10^{15} 个/cm^3，而临界成核粒径仅为 0.3nm 左右，成核的酸液滴中 H_2SO_4 质量分数约为 70%。随后，初始酸液核会迅速团聚、生长，在高数量浓度条件下，酸雾间碰撞的可能性显著提高，导致硫酸雾的数量浓度持续下降。

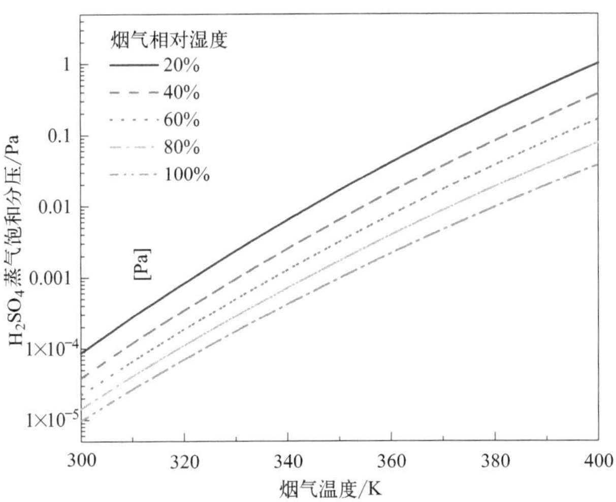

图 4-10 不同相对湿度下硫酸蒸气饱和分压

实验条件下，SO_3 气体生成后通入酸雾室来产生酸雾，SO_3 管路全程伴热，温度控制在 230℃。控制凝变换热器入口处模拟烟气温度为 55℃，烟气相对湿度为 100%，SO_3 质量浓度为 30mg/m³ 和 60mg/m³，模拟烟气体积流量为 90m³/h。通过 ELPI 监测换热器入口处的数量浓度和酸雾粒径分布。如图 4-11 所示，当烟气中 SO_3 浓度为 30mg/m³ 时，生成的硫酸雾数量浓度高达 3.09×10^6 个/cm³，当 SO_3 浓度增至 60mg/m³ 时，酸雾数量浓度升高至 1.09×10^8 个/cm³。粒径小于 0.1μm 的酸雾数量浓度增加最为明显，说明高浓度 SO_3 使得更多的 H_2SO_4 蒸气通过均相成核形成粒径更小的酸雾。此外，小粒径酸雾质量浓度很小，酸雾质量浓度集中在 0.1μm 以上大小粒径的酸雾。

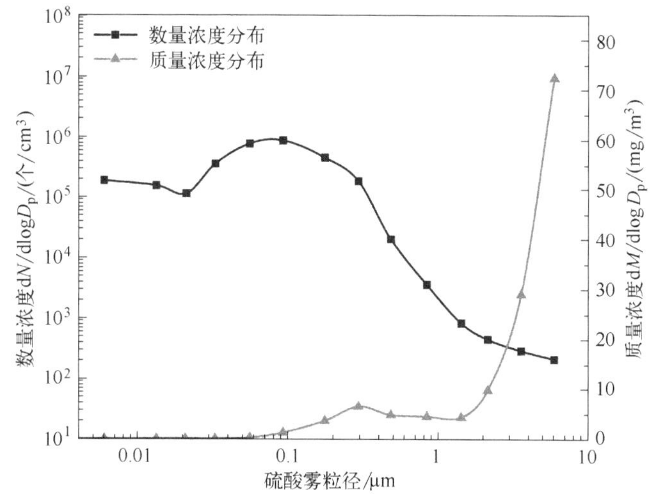

(a) 30mg/m³

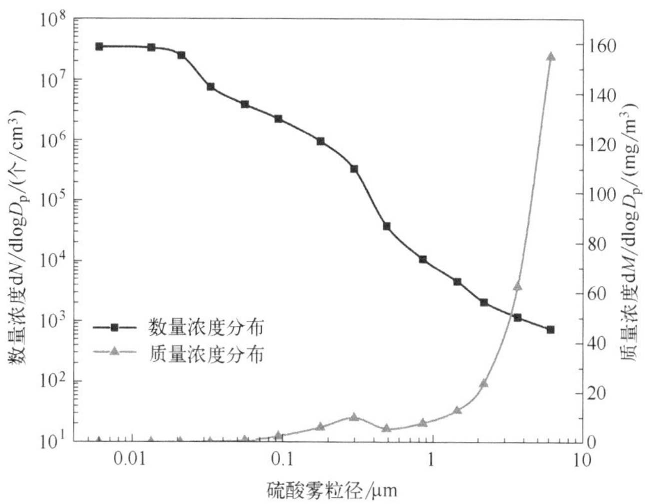

(b) 60mg/m³

图 4-11 入口硫酸雾数量和质量分布

4.6 硫酸雾脱除模型实验验证

4.6.1 实验验证思路

为了验证第 3 章建立的硫酸雾脱除模型，本书对第 3 章中的三段式光管和涡流换热器进行建模，并从两个方面进行实验验证：①冷凝换热效果；②硫酸雾脱除特性，主要指分级脱除效率和换热器出口粒径分布。凝变换热器的几何模型如图 4-12 所示。

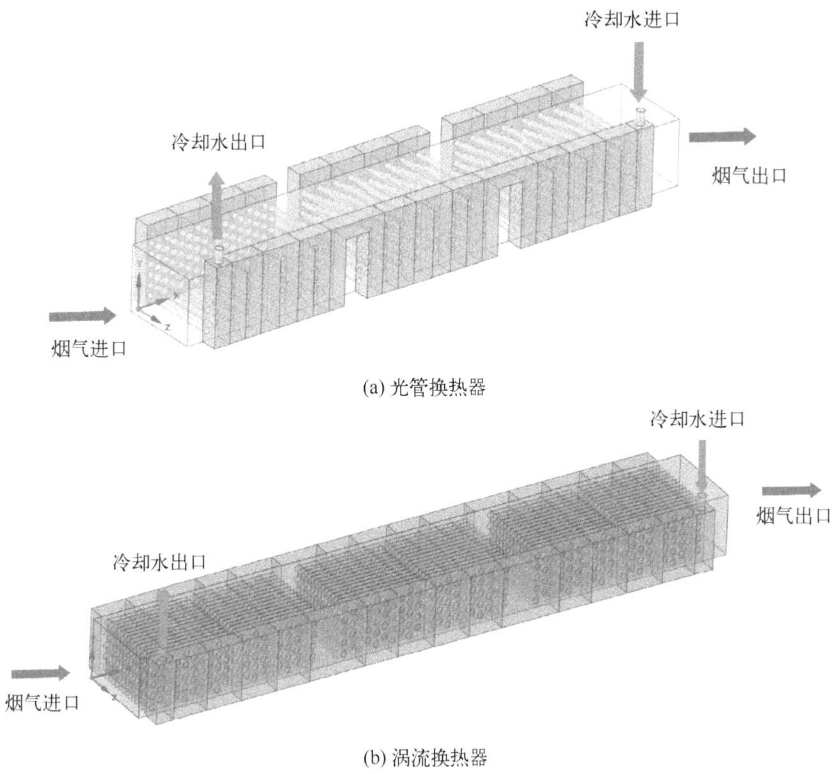

图 4-12 凝变换热器几何模型

对于气相中含有不凝结气体的冷凝换热过程，本书采用异步模拟法模拟烟气冷凝换热过程。即，烟气侧和水侧分别进行模拟，然后在换热管束外表面进行耦合。首先，烟气侧的传热传质模拟在恒定壁温条件下进行，计算收敛后输出管壁换热通量文件。然后，对水侧换热进行模拟，将第一步输出的文件导入 Fluent

作为第二步模拟的输入边界条件。计算收敛后得到管壁的温度分布。第一步和第二步重复计算 2～3 次即可得到最终的冷凝换热结果。利用 Fluent-Meshing 软件分别对烟气侧和水侧网格进行划分，并进行网格独立性验证。光管换热器烟气侧和水侧网格数量最终确定为 194.5 万和 90.2 万，涡流换热器烟气侧和水侧网格数量为 402.2 万和 200.3 万。

烟气和水的入口及出口边界条件分别为速度入口与压力出口。连续相采用稳态计算，离散相采用非稳态计算，选用 realizable k-ε 湍流模型，SIMPLE 算法，压力的离散方法采用 standard，湍流动能和湍流耗散率采用一阶迎风格式，其他采用二阶迎风格式。扩散泳力、烟气冷凝模型、硫酸雾冷凝长大模型和水蒸气扩散系数利用自定义函数（UDF）导入 Fluent 中。首先计算流动和换热，得到收敛的流场、温度场后，再加入酸雾进行计算。酸雾颗粒喷射类型为面喷射类型，管束外壁面和翅片边界条件设置为 trap，矩形小翼边界条件设置为 reflect。入口烟气温度为 55℃，入口烟气相对湿度为 100%，循环冷却水入口温度为 17℃，冷却水流量为 450L/h，SO_3 浓度为 30mg/m^3。将图 4-11（a）中实验测得的酸雾数量浓度分布作为模拟入口酸雾喷射条件输入。每一级粒径给定一个 injection，计算得到酸雾的分级脱除效率。

4.6.2 冷凝换热模拟与实验结果比较

如图 4-13 所示为冷凝换热模拟与实验结果的比较，分别给出了出口烟气温度、出口水温和冷凝水量的模拟值及实验值。冷凝换热预测结果与实验结果能够较好地吻合。在相同入口条件下，光管换热器和涡流换热器的烟气出口温度分别为 22.5℃和 19℃。在光管换热器和涡流换热器中，出口烟气温度的误差在所有工况中最大，分别为 11.6%和 8.9%。

4.6.3 脱除性能模拟与实验结果比较

图 4-14 和图 4-15 分别给出了两个换热器的出口粒径分布和分级脱除效率模拟与实验结果的对比。从图 4-14 和图 4-15 中可以看出，模拟结果和实验的出口粒径分布相似，呈双峰分布；分级脱除效率的模拟结果和实验结果变化趋势基本吻合，模拟结果略低于实验结果。

模拟结果与实验结果之间的差别主要由两个方面的原因导致。第一个原因是模拟和实验分级脱除效率计算的差别，模拟中每一级粒径的脱除效率是通过入口喷射颗粒数量和出口逃逸数量来计算的，每一级都是单独计算的，酸雾的长大不会对脱除效率的计算产生影响。而在实验中分级脱除效率是通过进出口的酸雾粒

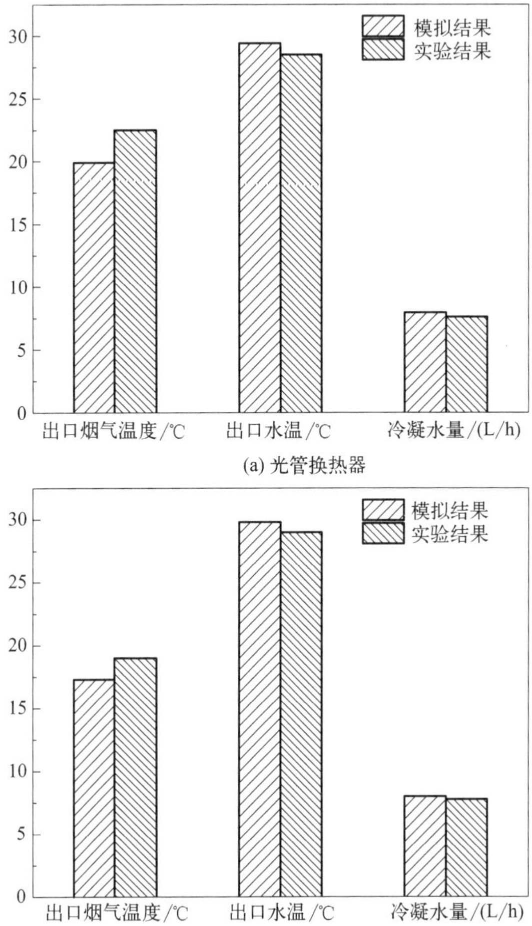

(b) 涡流换热器

图 4-13　冷凝换热模拟与实验结果的比较

径分布变化来计算的，酸雾的长大会导致实验测试的小粒径酸雾脱除效率高于模拟值，大粒径酸雾的脱除效率可能低于模拟值。第二个原因是实验中酸雾脱除过程的复杂性。涡发生器和管束能够促进硫酸雾团聚，同时冷凝水滴在换热器内沉降形成的“降雨效应”也会捕集部分酸雾，从而导致模拟结果低于实验结果。

根据图 4-15，当硫酸雾粒径为 0.1～1μm 时，分级脱除效率曲线存在明显的波谷，这个区域一般被称为格林菲尔德缺口[170]。当流场中不存在温降和水汽相变时，粒径小于 0.1μm 的酸雾在流场中主要受布朗扩散机理的作用，随着酸雾

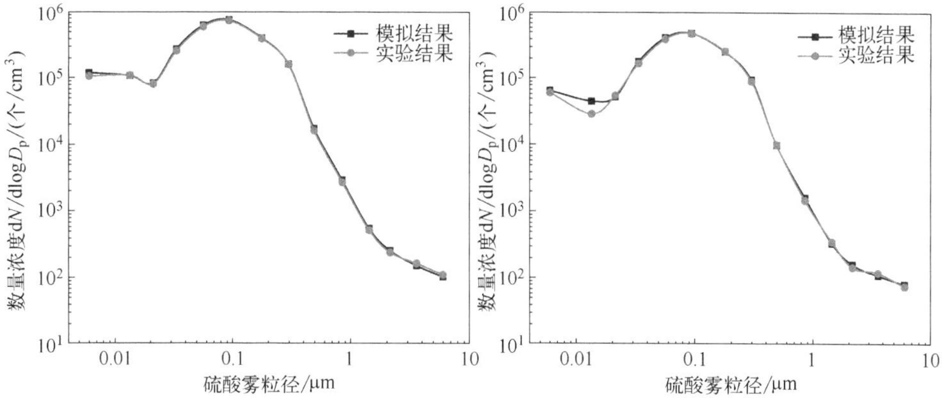

(a) 光管换热器　　(b) 涡流换热器

图 4-14　出口粒径分布模拟与实验结果比较

粒径增大，布朗扩散作用越来越弱，而惯性碰撞和拦截作用逐渐增强。对于粒径大于 1μm 的酸雾，惯性碰撞和拦截为主要脱除机理。而粒径介于 0.1～1μm 的酸雾，三种作用机理都较弱，因此脱除效率明显低于其他粒径的酸雾。当流场中存在温降和水汽相变时，酸雾易受热泳力和扩散泳力的影响，从而导致脱除效率提高。对于光管换热器，实验最低和最高脱除效率分别为 12.8%和 47.2%。而从图 4-15（b）可知，涡流换热器中各级脱除效率显著提高，实验最低和最高的脱除效率分别为 43.2%和 81.1%，说明涡发生器能够有效降低硫酸雾的数量排放浓度。

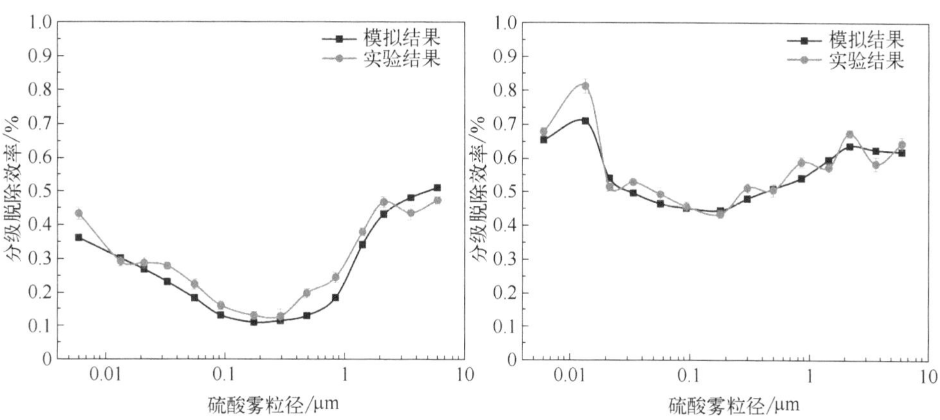

(a) 光管换热器　　(b) 涡流换热器

图 4-15　分级脱除效率模拟与实验结果比较

4.7 典型工况下硫酸雾脱除及水回收性能

通过实验测量了换热器沿程脱除效率的变化，并对每组换热管束的冷凝水进行了收集和分析。实验工况为：烟气入口温度55℃，入口烟气相对湿度100%，循环冷却水入口温度为17℃，冷却水流量为450L/h，SO_3 浓度为30mg/m^3。

换热器沿程硫酸雾分级脱除效率如图4-16所示。各出口的分级脱除效率变化趋势相似，都呈先增大后减小的趋势。对于光管换热器，各粒径区间的酸雾脱除效率均低于50%。酸雾在换热器内流动过程中，小粒径的酸雾数量脱除效率明显提高。粒径小于0.1μm的酸雾平均脱除效率为16.7%，且在第2组和第3组管束出口分别增大到22.6%和27.8%。一方面，小粒径酸雾在水汽相变过程中长大为粒径更大的酸雾；另一方面，在流动过程中，酸雾之间可能会发生碰撞团聚。如图4-16（b）所示，对于涡流换热器，烟气在换热器内流动过程中，各粒径区间的酸雾脱除效率都有显著提高，粒径小于0.1μm和粒径介于0.1～1μm之间的酸雾数量脱除效率的提高更明显。粒径小于0.1μm的酸雾平均脱除效率为34%，且在第2组和第3组管束出口分别增大到48.2%和57.9%。

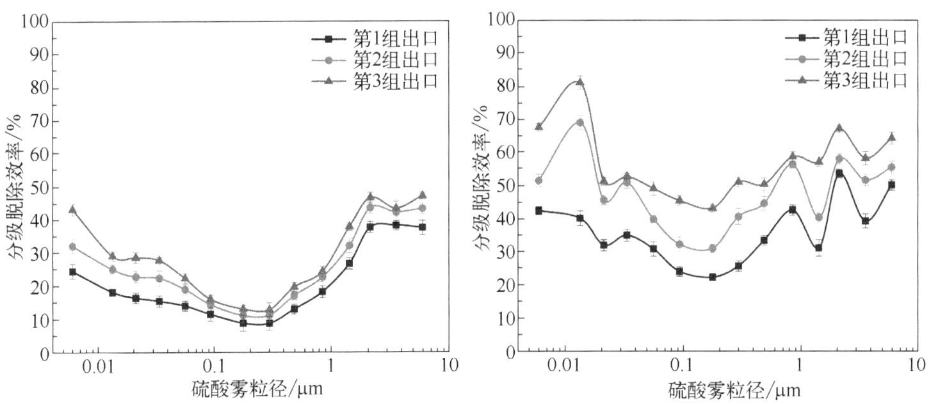

图4-16 换热器沿程硫酸雾分级脱除效率

通过实验测试得到了各组管束 SO_3 质量脱除效率、冷凝水pH值和水中 SO_4^{2-} 浓度，将 SO_4^{2-} 浓度乘以冷凝水流量换算为 SO_4^{2-} 的质量流量，如图4-17所示。对于光管换热器，当烟气通过三组管束时，SO_3 的质量脱除效率分别为19.3%、10%和4.7%；涡流换热器三组管束的 SO_3 质量脱除效率分别为

20.8%、10.8%和 8.5%，说明 SO_3 的质量脱除效率沿烟气流动方向迅速下降。SO_4^{2-} 质量流量和冷凝水 pH 值进一步证实了这个变化趋势。对于光管换热器，虽然冷凝水 pH 值缓慢升高，但结合冷凝水流量，H^+ 的实际质量流量下降。

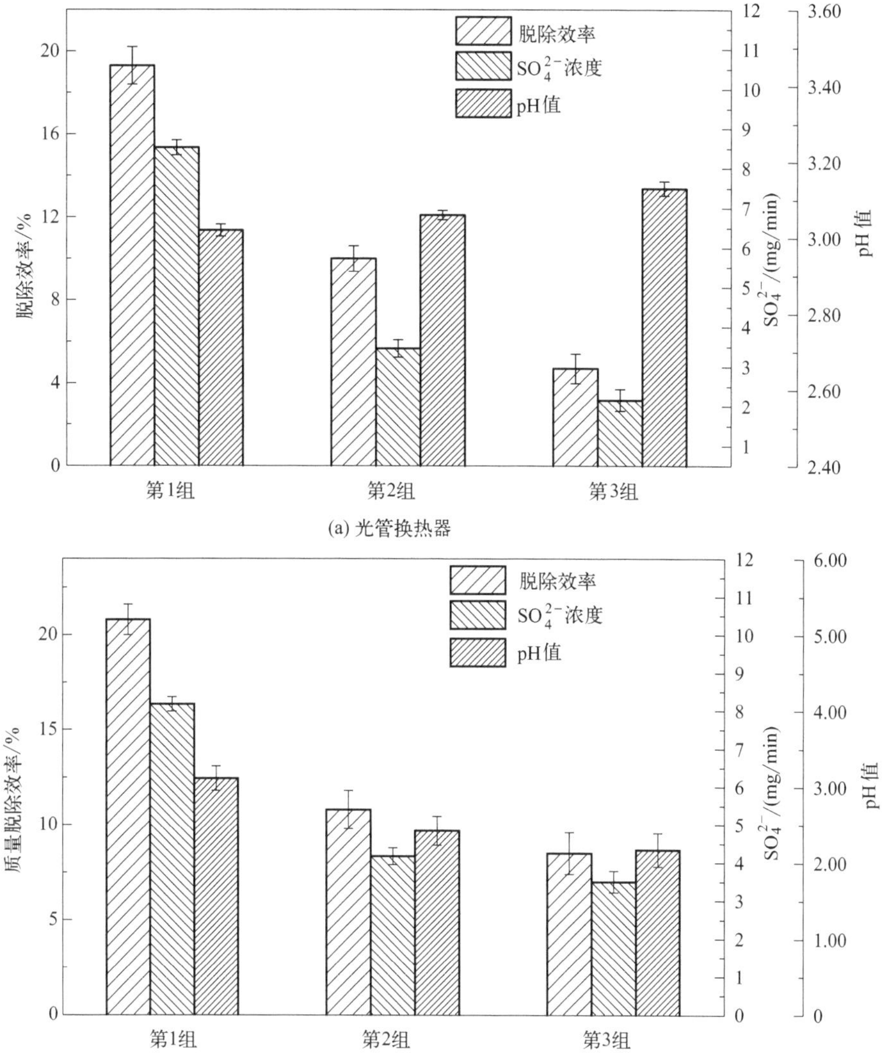

(a) 光管换热器

(b) 涡流换热器

图 4-17　各组管束脱除性能

SO_3 质量脱除效率的变化趋势与烟气温降和冷凝水量的变化趋势一致，如图 4-18 所示。第 1 组换热管束温降最大，第 2 组次之，第 3 组温降最小。第 1 组中烟气与冷却水温差最大，容易导致管束和翅片周围出现较大的过饱和度。一方面，硫酸雾在进入换热器后立即被激活成为凝结核并迅速生长，长大后的酸雾易在惯性碰撞和拦截作用下被后续管束和翅片捕集；另一方面，较大的温差导致换热壁面附近的温度梯度和水蒸气浓度梯度较大。初始进入冷凝器的硫酸雾粒径较小，主要受热泳和扩散泳的影响。因此，酸雾在第 1 组管束壁面附近所受热泳力和扩散泳力最大。同时，大量冷凝水从管壁上脱落，形成“降雨效应”，能够捕集部分硫酸雾。对于涡流换热器，涡发生器还能够促进硫酸雾之间以及酸雾与冷凝水滴之间的团聚。第 2 组和第 3 组管束中的温降和冷凝水量均远小于第 1 组，导致第 2 组和第 3 组的脱除效率下降。由于烟气流动方向上冷凝水量迅速减少，涡流换热器中冷凝水的 pH 值逐渐降低。因此，涡流换热器的后端更容易发生腐蚀。与普通光管换热器相比，涡流换热器在实现相同的水、热回收能力和硫酸雾脱除性能的同时，可以减小整体尺寸和占地面积。

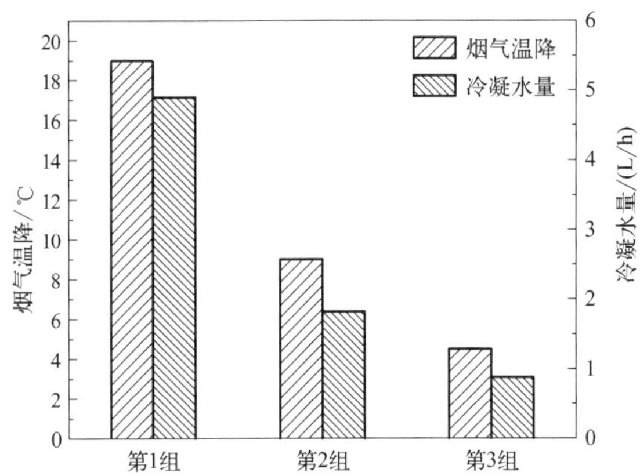

(a) 光管换热器

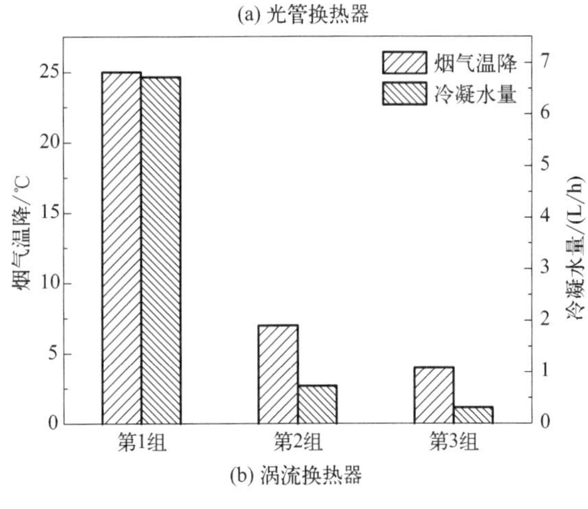

(b) 涡流换热器

图 4-18　烟气温降和冷凝水量

4.8 实验条件对硫酸雾脱除性能的影响

4.8.1 SO_3 浓度的影响

实际燃煤电厂中由于燃烧煤种、运行工况等的变化，导致实际燃煤烟气中 SO_3 浓度波动较大。因此，通过实验测试了 SO_3 浓度为 20～150mg/m^3 时的 SO_3 脱除性能。实验工况为：烟气入口温度为 55℃，入口烟气相对湿度为 100%，循环冷却水入口温度为 17℃，冷却水流量为 450L/h。如图 4-19 所示为不同入口 SO_3 浓度下光管换热器和涡流换热器的 SO_3 脱除性能的实验结果。

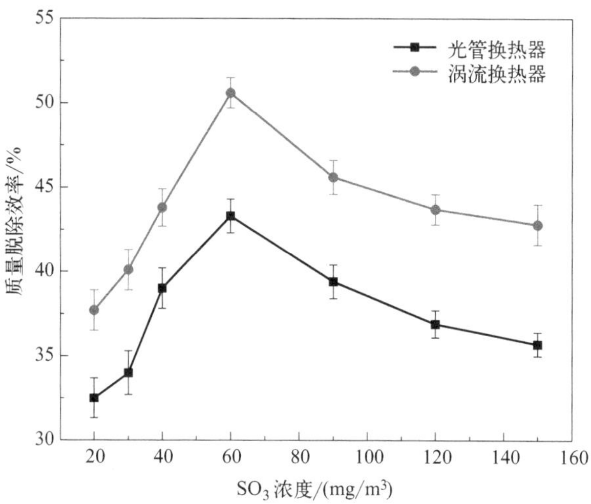

图 4-19 不同入口 SO_3 浓度下光管换热器和涡流换热器的 SO_3 脱除性能的实验结果

随着入口 SO_3 浓度的增加，SO_3 脱除效率先上升后下降，光管换热器和涡流换热器的 SO_3 质量脱除效率分别为 32.5%～43.3%和 37.7%～50.6%。由 4.5 节实验所测数据可知，提高 SO_3 浓度，生成的酸雾数量显著增加，酸雾之间碰撞团聚的概率以及酸雾与换热壁面碰撞的概率均增大，导致脱除效率在一定 SO_3 浓度范围内提高。然而，脱除效率并没有随 SO_3 浓度的增加持续提高，当 SO_3 浓度继续升高时，在相同的温降幅度下，冷凝器内的可冷凝水汽分子数没有发生变化，单个酸液滴上的可冷凝水量减少，限制了酸液滴的生长，导致 SO_3 脱除效率下降。

4.8.2 烟气温降的影响

烟气温降幅度直接决定了换热器内的水汽相变强度，同时影响换热器内的温度场和水蒸气浓度场，影响硫酸雾的生长，并对脱除效率产生影响。通过调节低温恒温槽控制换热器循环冷却水的入口温度，从而控制烟气温降幅度。实验中，烟气入口温度为 55℃，入口烟气相对湿度为 100%，冷却水流量为 450L/h。如图 4-20 所示为烟气温降幅度对 SO_3 脱除性能的影响。从图 4-20 中可以看出，随着烟气温降的增加，SO_3 脱除效率提高。当 SO_3 浓度为 30mg/m^3 时，随着烟气温降从 0℃ 增大至 32.5℃，光管换热器对 SO_3 的脱除效率从 22.7% 增加至 34%。在涡流换热器中，随着烟气温降从 0℃ 增大至 36℃，脱除效率从 26.6%

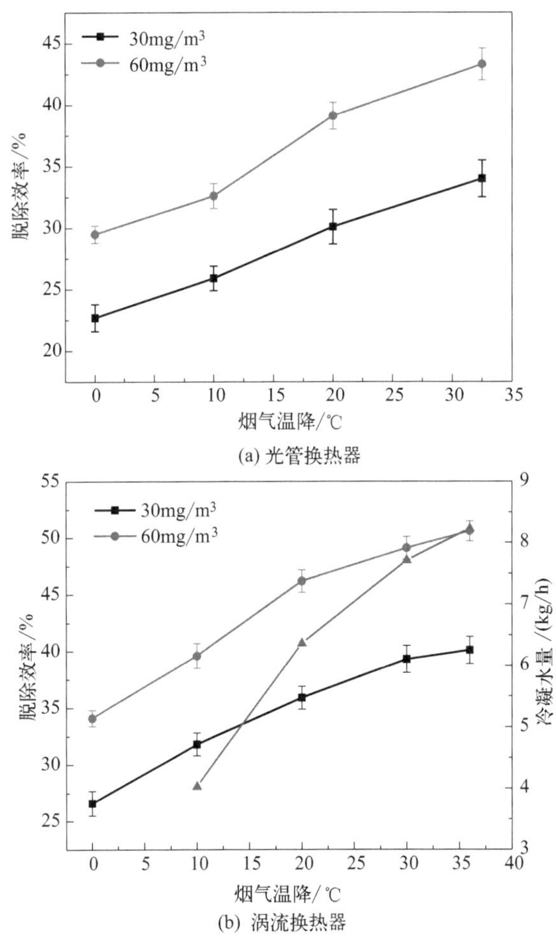

图 4-20 烟气温降幅度对 SO_3 脱除性能的影响

增加至 40.1%。这主要是由于随着温降增大，非均相凝结强度增大，烟气的过饱和度也升高。从图 4-20（b）中可以看出，可冷凝水蒸气量随温降的增大而增加。因此，硫酸雾能够增长到更大尺寸，有利于硫酸雾被换热壁面捕集脱除。而且换热器内冷凝形成了更多的水滴，水滴从管束脱落从而捕集部分硫酸雾。此外，温降增加时，循环冷却水温度降低，导致换热管束、翅片表面与烟气之间的温差增加，换热壁面附近形成了较大的温度梯度和水蒸气浓度梯度。因此，壁面附近热泳和扩散泳效应均增强，促使硫酸雾向换热壁面移动，进而被壁面液膜捕集。随着温降的增加，SO_3 脱除效率的增长速度逐渐减缓，这是由于可冷凝水量增加速率逐渐减小，直接导致硫酸雾的生长速率降低以及扩散泳力的增长率减小。

当烟气温降为 0℃时，即在等温条件下，换热器内没有水蒸气冷凝。此时，换热器内不会发生硫酸雾的异相凝结长大。管束附近不存在温度和水蒸气浓度差，因此硫酸雾的脱除机理只有布朗扩散、惯性碰撞和拦截。由于硫酸雾粒径较小，因此光管换热器的脱除性能较差，SO_3 浓度为 $30mg/m^3$ 时脱除效率仅为 22.7%，此时，涡流换热器的脱除效率为 26.6%。实验结果说明，涡发生器能够通过扰流强化 SO_3 的脱除，SO_3 的质量脱除效率提高了 3.9 个百分点。与数量脱除效率比较，质量脱除效率较低，这是因为硫酸雾粒径处于亚微米级，虽然质量浓度低，但数量浓度很高。实验结果也表明，涡流换热器对降低 SO_3 数量浓度更有效。

4.8.3 入口烟气温度的影响

入口烟气温度与硫酸雾脱除性能之间的关系如图 4-21 所示。实验工况为：入口烟气相对湿度为 100%，冷却水流量为 450L/h，通过调节循环冷却水入口温度，保持烟气温降为 20℃。从图 4-21 中可以看出，SO_3 脱除效率随入口烟气温度几乎呈线性增加。当入口烟气温度从 45℃增加到 60℃时，光管换热器的硫酸雾脱除效率在 $30mg/m^3$ 和 $60mg/m^3$ 浓度下分别提高了 5.1%和 6.4%，涡流换热器的脱除效率分别提高了 3.8%和 4.8%。由于换热器进口烟气为饱和状态，因此烟气的降温和冷凝过程沿着饱和线变化。在相同的入口烟气湿度下，入口烟气温度越高，烟气实际水汽分压和饱和水汽分压越高。当烟气温降也相同时，可以观察到可凝结水汽量急剧增加，如图 4-21（b）所示。因此，每个硫酸雾表面可冷凝的水蒸气量也会增加，导致硫酸雾的尺寸变大。此外，由于烟气与管束或翅片之间的温差增大，热泳效应增强。同时，管束周围凝结水汽量的增加也提高了管束附近的水蒸气浓度梯度，导致扩散泳力增大。所有这些有利因素共同作用

导致 SO_3 脱除效率升高。实验结果表明，光管换热器和涡流换热器适用于处理不同入口烟气温度的脱硫烟气。

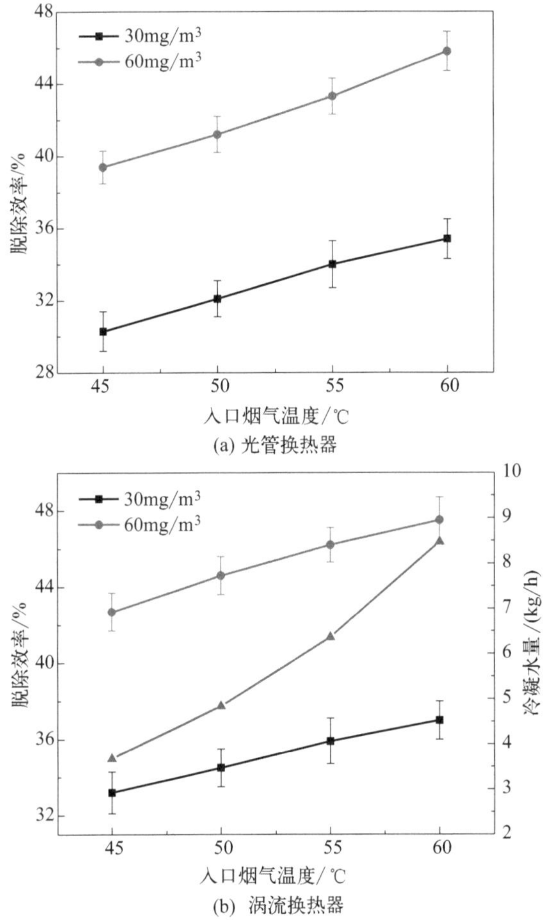

(a) 光管换热器

(b) 涡流换热器

图 4-21　入口烟气温度与硫酸雾脱除性能之间的关系

4.8.4　入口烟气相对湿度的影响

入口烟气的相对湿度直接影响凝结水量和烟气过饱和度，进而影响酸雾脱除效率。如图 4-22 所示为入口烟气相对湿度对硫酸雾脱除的影响。烟气入口温度为 55℃，循环冷却水入口温度保持在 17℃，冷却水流量为 450L/h，通过调节水蒸气流量来改变入口烟气的相对湿度。

从图 4-22 中可以看出，SO_3 脱除效率与入口烟气相对湿度呈正相关。以涡流换热器为例，当烟气相对湿度从 90%增加到 100%时，30mg/m^3 浓度时脱除

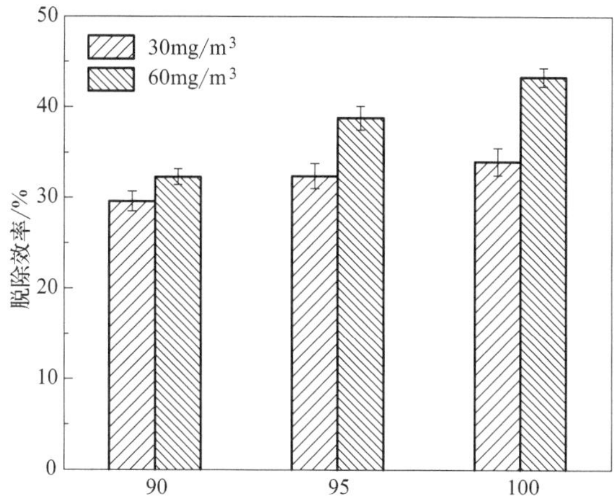

(a) 光管换热器

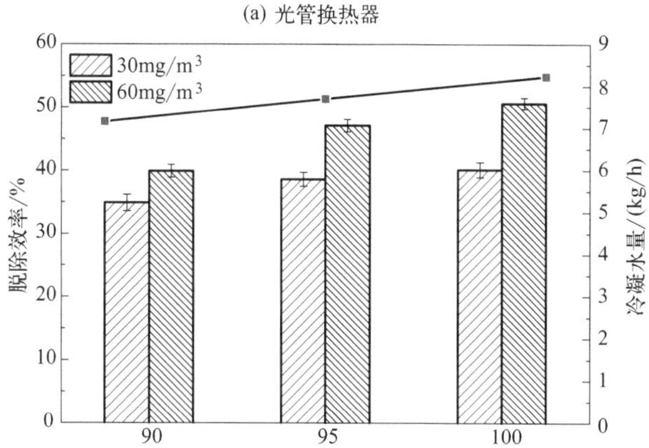

(b) 涡流换热器

图 4-22　入口烟气相对湿度对硫酸雾脱除的影响

效率从 34.6%增加到 40.1%，60mg/m^3 时脱除效率从 39.9%增加到 50.6%。在三种不同湿度条件下，烟气温降基本相同。此时，硫酸雾所受的热泳力基本保持不变。因此，相对湿度引起捕获效率变化的关键机制是可凝结水汽量的差异。当入口烟气相对湿度低于 100%时，在烟气冷却冷凝过程中，烟气首先经历从不饱和状态向饱和状态过渡（冷却），然后向过饱和状态过渡（冷凝）。在烟气冷却过程中，由于没有水汽相变，扩散泳效应几乎可以忽略。如图 4-22（b）所示，随着烟气相对湿度的增加，可凝结水汽量增加，说明非均相凝结强度增强，硫酸雾逐渐长大到更大尺寸。可凝结水蒸气量的增加也增加了管壁周围的水蒸气浓度梯度，从而增强了扩散泳力。因此，高的入口烟气相对湿度有利于硫酸雾的脱除。

4.8.5 捕集面积的影响

为了研究捕集面积对硫酸雾脱除的影响，进行了3组不同的实验，每组实验的换热面积分别为1组管束、2组管束和3组管束。光管换热器中，将各组出口烟道温度调整为36℃，涡流换热器调整为30℃，以保证不同捕集面积下的温降相同。其他实验工况为：烟气入口温度55℃，入口烟气相对湿度100%，冷却水流量为450L/h。不同捕集面积下SO_3脱除效率的变化趋势如图4-23所示。

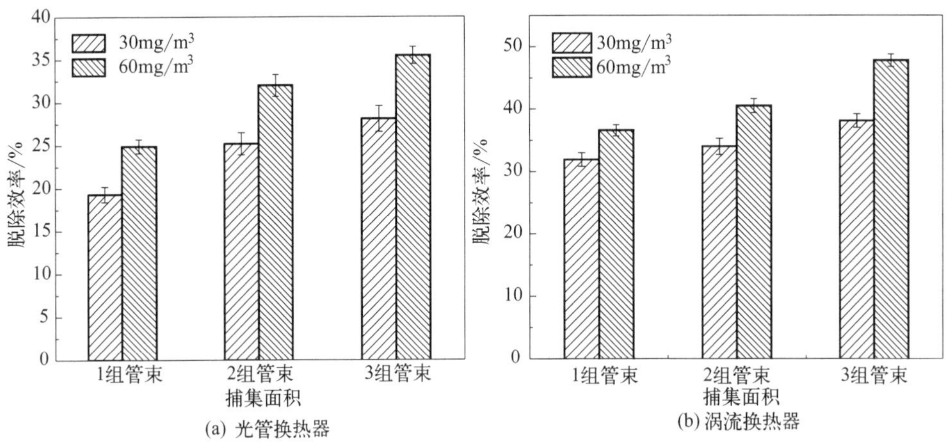

图4-23 不同捕集面积下SO_3脱除效率的变化趋势

从图4-23中可以看出，捕集面积对SO_3脱除效率有很大的影响。随着捕集面积的增加，脱除效率显著提高。光管换热器在$30mg/m^3$和$60mg/m^3$浓度的SO_3脱除效率分别提高了8.8%和10.6%，涡流换热器的脱除效率分别提高了6.2%和11.2%。在两种换热器中，管束和翅片为换热面，其周围存在较大的温度梯度和水蒸气浓度梯度。因此，在热泳和扩散泳的作用下，硫酸雾易被换热壁面捕集。此外，在惯性碰撞和拦截作用下，部分尺寸较大的硫酸雾也可能被矩形小翼拦截。因此，在不同捕集面积、相同温降的实验条件下，凝结水量以及硫酸雾所受热泳力和扩散泳力均相同。酸雾脱除性能随换热面积的增加而增强可以用以下3个原因来解释：首先，在增大捕集面积的同时，增加了硫酸雾与壁面碰撞的概率，从而提高了脱除效率；其次，硫酸雾在换热器中的停留时间增加，可以生长到更大的尺寸；最后，硫酸雾的流动距离变长，尤其在涡流换热器中，增加了硫酸雾之间以及酸雾与下落的凝结水滴的碰撞概率，使硫酸雾有更多的机会凝聚成更大的颗粒或被水滴捕集而脱除。

4.9 换热器耦合除雾器脱除硫酸雾性能

除雾器能够捕集大粒径的硫酸雾以及被烟气夹带从换热器逃逸的冷凝水滴。硫酸雾初始生成的粒径虽然很小，但从先前的研究中可知，硫酸雾在换热器内会发生异相凝结长大和团聚。Chang 等[87] 将换热器与除雾器结合使用，在实际燃煤机组上进行了工程试验，得到了较好的颗粒物和硫酸雾脱除结果。因此，本节实验在换热器后面设置了丝网除雾器，研究换热器与除雾器联合脱除性能。实验工况为：烟气入口温度为55℃，入口烟气相对湿度为100%，循环冷却水入口温度为17℃，冷却水流量为450L/h。

实验分别测试了两种 SO_3 浓度下两个换热器与除雾器耦合脱除硫酸雾的性能，结果如图 4-24 所示。光管换热器耦合除雾器后，SO_3 的脱除效率在 $30mg/m^3$ 和 $60mg/m^3$ 浓度下分别提高了 3.8%和 2.6%，涡流换热器耦合除雾器后脱除效率分别提高了 2.9%和 2.3%。实验结果表明，换热器耦合除雾器后脱除性能并没有得到很大提高。当换热器单独作用时，热泳力和扩散泳力对小粒径硫酸雾的脱除有很好的促进作用。除雾器捕集硫酸雾的原理为惯性碰撞和拦截，即对粒径大于 1μm 的酸雾有较好的捕集效果。而酸雾在换热器内虽然能够凝结长大，但由于初始粒径太小，长大程度有限，且一部分长大后的酸雾在换热器内即被脱除，因此，换热器耦合除雾器后的脱除性能没有得到很大改善。

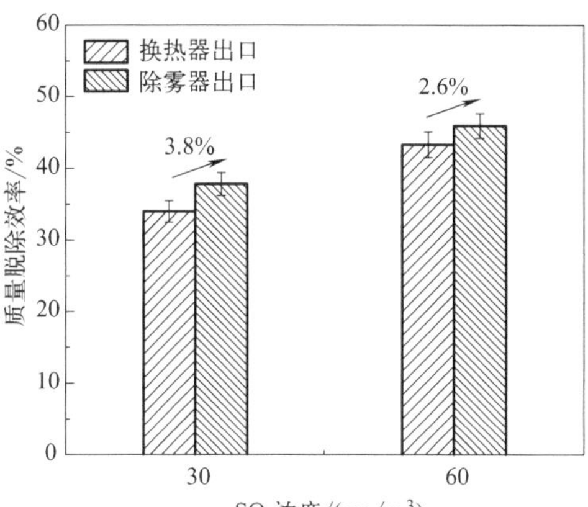

(a) 光管换热器

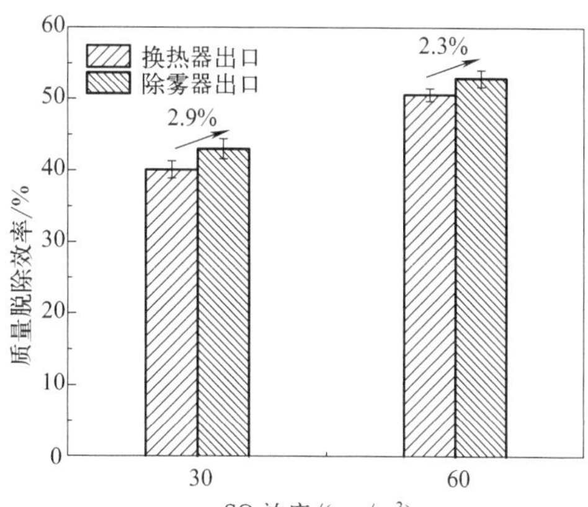

(b) 涡流换热器

图 4-24 不同测点处 SO_3 质量脱除效率

4.10 本章小结

本章对凝变换热器的硫酸雾脱除特性进行实验研究，主要结论如下。

① 硫酸雾主要通过均相成核形成，粒径为亚微米级，SO_3 浓度为 $30mg/m^3$ 时，生成的酸雾气溶胶数量浓度高达 3.09×10^6 个/cm^3，当 SO_3 浓度增至 $60mg/m^3$ 时，酸雾数量浓度达到 1.09×10^8 个/cm^3。小粒径酸雾质量浓度很小，酸雾质量浓度集中在 $0.1\mu m$ 以上。

② 对第 2 章和第 3 章建立的硫酸雾凝结长大和脱除模型进行了实验验证，结果表明冷凝换热和脱除性能模拟结果均与实验结果吻合较好。

③ 硫酸雾分级脱除效率曲线存在明显的波谷，涡发生器能够有效降低硫酸雾排放的数量浓度，涡流换热器各个粒径区间的脱除效率都显著高于光管换热器。沿烟气流动方向，SO_3 质量脱除效率、烟气温降和冷凝水量迅速降低。涡流换热器冷凝水的 pH 值从换热器前端到后端逐渐降低，因此，涡流换热器的后端更易发生腐蚀。与普通光管换热器比较，涡流发生器在实现相同的水、热回收能力和硫酸雾脱除性能的同时，可以减小整体尺寸和占地面积。

④ SO_3 质量脱除效率随 SO_3 浓度的提高先增大后减小；增加烟气温降、入口烟气温度和入口烟气相对湿度，都能够提高烟气的异相凝结强度，促进硫酸雾的凝结长大和脱除。增加捕集面积延长了酸雾在换热器内的停留时间并增大了硫酸雾的流动距离，因此能够提高硫酸雾脱除效率。换热器耦合除雾器能够提高硫酸雾脱除性能，但提高幅度较小。

第5章

碱液喷射强化硫酸雾脱除研究

由于硫酸雾粒径较小，单独的换热器难以实现硫酸雾的高效脱除。在先前的研究中，将换热器与其他技术结合以改善脱除性能。如换热器与湿式电除尘器或除雾器结合、与声团聚技术结合等。碱液喷射技术广泛应用于化工、电子、冶金等工业领域中产生的硫酸雾的处理，可达到较高的脱除效率。考虑到硫酸雾的强腐蚀性，本章提出将碱液喷射技术与烟气冷凝相变技术结合以实现硫酸雾的高效和经济脱除。

本章以光管换热器为例，首先分析了碱液喷射耦合烟气冷凝脱除硫酸雾的可行性以及脱除机理，随后分析了实验条件对硫酸雾脱除性能、水回收的影响规律。

5.1 硫酸雾脱除实验系统

在第 4 章脱除实验系统的基础上增加了碱液喷射系统。如图 5-1 所示，碱液喷射系统由空压机、双流体雾化喷嘴和蠕动泵组成，喷射位置设置在冷凝器前端烟道以及冷凝器顶部。在冷凝器前端烟道设置 1 个碱液喷射点，在换热器顶部设置 3 个碱液喷射点。在碱液喷射烟道内，喷射方向与烟气流动方向相反；在换热器内，喷射方向向下。碱液喷射系统由空气压缩机、双流体雾化喷嘴和蠕动泵组成。经过滤和干燥的空气由空压机送入双流体雾化喷嘴，通过蠕动泵控制碱液流量，喷嘴将碱液雾化后喷入烟道或换热器内部，捕集烟气中的硫酸雾。采样和测试方法同第 4 章。

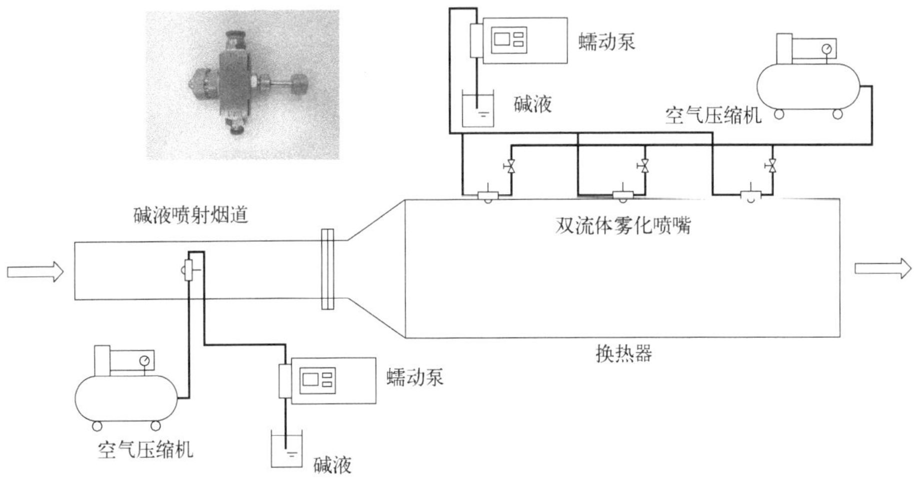

图 5-1　碱液喷射系统示意

5.2　可行性及脱除机理分析

该方法的主要脱除机理是气液充分接触及中和反应，类似 WFGD 过程中硫酸雾的脱除。而 WFGD 的去除率仅为 30%～50%，原因可能是进入洗涤塔的烟气初始温度高、湿度低，在气液接触过程中发生了碱性液滴的蒸发，因此，产生了浆液滴朝外的斯蒂芬流，导致硫酸雾远离浆液滴。相比之下，如果在相对湿度接近 100%的湿烟气中喷入碱液滴，脱除原理则完全不同。湿法脱硫后，烟气温度降至 40～60℃，相对湿度接近 100%。由于雾化碱液滴的温度低于烟气温度，水蒸气将在其表面凝结，从而产生指向碱液滴的斯蒂芬流，此时酸雾所受扩散泳力会增大，可以促进酸雾被捕集。酸雾被碱液滴捕集后，通过中和反应转化为无腐蚀性的硫酸盐液滴，并最终被换热器或除雾器拦截。因此，烟气冷凝相变与碱液喷射技术相结合是高效脱除酸雾的可行途径。

常用的吸收剂有钠基吸收剂（Na_2CO_3、NaOH、$NaHCO_3$）、钙基吸收剂［$Ca(OH)_2$］和 NH_3 等的水溶液。本书采用钠基吸收剂（Na_2CO_3、NaOH、$NaHCO_3$）考察该方法的硫酸雾脱除性能。

当碱液喷射系统运行时，碱液被雾化成雾滴。碱液滴捕集硫酸雾的过程受布朗扩散、惯性碰撞和拦截等力学效应以及热泳、扩散泳[171]等泳力效应的影响。不同粒径酸雾的脱除机理存在差别。

惯性碰撞捕集效率主要与酸雾粒径、碱液滴尺寸、气流速度等有关。单个碱液滴对酸雾的惯性碰撞捕集效率可通过下式计算[172]。

$$\eta_{imp}=\frac{1}{\left(1+\frac{0.7}{St}\right)^2} \tag{5-1}$$

式中 η_{imp}——惯性碰撞作用机制下的捕集效率；

St——斯托克斯数，是酸雾对速度变化的动态响应时间与流场特征响应时间的比值。

斯托克斯数的定义如下。

$$St=\frac{\tau_{dyn}}{\tau_G}=\frac{\rho_p d_p^2 u_g}{18\mu_g d_D} \tag{5-2}$$

式中 τ_{dyn}——酸雾动态响应时间，s；

τ_G——流场特征响应时间，s；

d_D——碱液滴直径，m。

由式（5-2）可知，惯性碰撞捕集效率主要与酸雾自身的物理性质有关。酸雾粒径越大，惯性碰撞作用越强，捕集效率越高。

单个碱液滴对酸雾的拦截捕集效率可通过下式计算[173]。

$$\eta_{int}=(1+K)^2-\frac{1}{1+K} \tag{5-3}$$

式中 $K=d_p/d_D$。

布朗扩散效率由Johnstone提出，主要取决于Peclet数 Pe，雷诺数 Re_{imp} 和Schmidt数 Sc，计算式如下[174]。

$$\eta_B=\frac{4}{Pe}(2+0.557Re_{imp}^{\frac{1}{2}}\times Sc^{\frac{3}{8}}) \tag{5-4}$$

式中 $Pe=Sc\times Re_{imp}$；

$Sc=\mu_g/(\rho_g D_p)$；

D_p——酸雾扩散系数，m^2/s，采用爱因斯坦公式计算，表达式如下。

$$D_p=\frac{C_c}{3\pi\mu_g d_p} \tag{5-5}$$

热泳机制下的捕集效率可通过下式计算[175]。

$$\eta_T=\frac{4\alpha(2+0.6Re_{imp}^{\frac{1}{2}}\times Pr^{\frac{1}{3}})(T_g-T_D)}{u_D d_D} \tag{5-6a}$$

$$\alpha=\frac{2C_c\left(\lambda_g+5\frac{\bar{\lambda}_g}{d_p}\lambda_p\right)\lambda_g}{5P\left(1+6\frac{\bar{\lambda}_g}{d_p}\right)\left(2\lambda_g+\lambda_p+10\frac{\bar{\lambda}_g}{d_p}\lambda_p\right)} \tag{5-6b}$$

式中　T_D——碱液滴温度，℃；

u_D——碱液滴速度，m/s；

Pr——普朗特数，$Pr = c_{p,g}\mu_g/\lambda_g$；

λ_g、λ_p——分别为烟气和酸雾热导率，W/(m·K)；

$\overline{\lambda}_g$——烟气平均自由程，m。

考虑斯蒂芬流的扩散泳捕集效率公式如下。

$$\eta_D = \frac{4\theta'(2+0.6Re_{imp}^{\frac{1}{2}} \times Sc_v^{\frac{1}{3}})(p_{v,g} - p_{v,D})}{u_g d_D} \tag{5-7}$$

$$\theta' = \frac{M_v^{0.5} D_v}{(\gamma_v M_v^{0.5} + \gamma_a M_a^{0.5}) p_a} \tag{5-8}$$

式中　γ_v，γ_a——水蒸气和空气的摩尔分数；

Sc_v——水蒸气 Schmidt 数；

$p_{v,g}$，$p_{v,D}$——烟气中水蒸气分压和酸雾表面水蒸气分压，Pa；

p_a——烟气中空气分压，Pa。

本章所用双流体雾化喷嘴雾化液滴粒径低于 100μm，平均粒径约为 50μm。因此，假设碱液滴粒径为 50μm。在气液接触过程中，碱性吸收剂液滴与烟气逐渐达到热平衡，设定碱液滴与烟气温差为 5℃，硫酸雾为质量分数 70%的硫酸液滴。通过以上公式计算了单个碱性液滴在不同机理下的脱除效率，结果如图 5-2 所示。

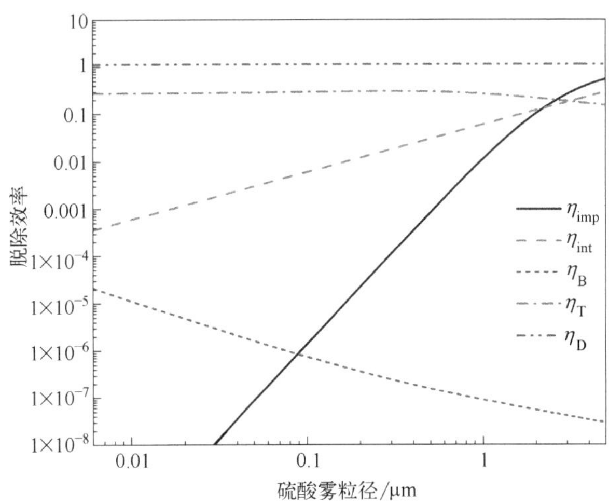

图 5-2　不同作用机制下硫酸雾的脱除效率

如图 5-2 所示，热泳和扩散泳作用机制下的脱除效率最高，比布朗扩散的脱除效率高几个数量级。当硫酸雾粒径增大到微米级时，热泳效率逐渐减弱，惯性碰撞和拦截效率显著增强，而扩散泳与粒径大小无关。扩散泳脱除效率大于 1，根据热泳和扩散泳效率的定义，有碱液滴运动轨迹外的酸雾滴沉积到了碱液滴表面，则有可能会导致热泳和扩散泳效率大于 1。当碱液滴随烟气流动一段时间后，碱液滴与烟气的温差逐渐接近 0℃，热泳作用消失，此时，也没有水蒸气在碱液滴表面冷凝，扩散泳几乎不起作用。总体来说，对 0.1μm 以下的酸雾，碱液滴捕集机理以热泳和扩散泳为主，对于粒径大于 1μm 的酸雾，惯性碰撞和拦截成为影响脱除的主要机理。

由式（5-7）和式（5-8）可知，碱液滴粒径越小，脱除效率越高。而如果碱液滴粒径太小，蒸发会对小粒径碱液滴的脱除行为产生负面影响。因此，研究人员建议将碱液滴的粒径范围设置在 30～100μm，以达到最佳的捕集性能[176]。碱液滴在捕集和吸收硫酸雾后，发生化学反应，转化为粒径更大的硫酸盐液滴。此时，粒径仍然处于微米级，在烟道内难以沉积，而容易被换热器管束和翅片捕集。

如图 5-3 所示为硫酸雾的脱除过程和脱除机理。在第一阶段，碱液通过双流体喷嘴雾化后逆向喷入换热器前端烟道，此时，烟气温度略有下降。在烟道内，一方面，部分酸雾通过热泳、扩散泳作用机制能够扩散到碱液滴表面，团聚后发生中和反应，生成没有腐蚀性的硫酸盐液滴。另一方面，随着烟气温度降低，酸雾表面容易发生异相成核，导致粒径增大。在第二阶段，利用换热器进一步降低烟气温度，烟道中未捕集的酸雾、硫酸盐液滴以及碱液滴随烟气进入换热器。由于烟气与管束之间存在较大的温度和水蒸气浓度差，热泳和扩散泳效应得到增强，可促进酸雾的进一步脱除。此外，凝结水覆盖在管束和翅片表面，并通过重力沉降以液滴的形式下落，形成的“降雨效应”能够捕集一部分酸雾。在第二阶

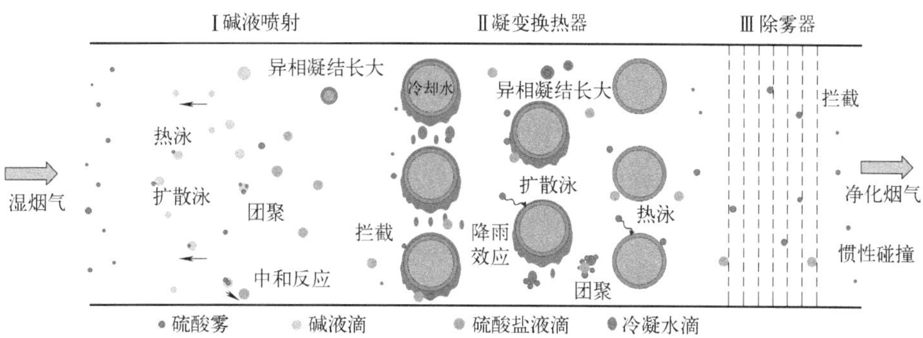

图 5-3　硫酸雾的脱除过程和脱除机理

段，换热器内相变凝结强度大，酸雾的生长和团聚主要发生在这个阶段。在第三阶段，由于惯性碰撞的增强，体积增大后的酸雾以及逃逸的碱液滴等可以被丝网除雾器拦截。

5.3 流场分布特征分析

5.3.1 物理模型和求解方法

烟气温度、水蒸气浓度、烟气饱和度分布以及喷雾场特性对硫酸雾的脱除性能具有重要影响。以换热器前端烟道喷射为例，对碱液喷射时换热器内的流场分布进行数值模拟计算。

物理模型如图 5-4 所示，包括喷淋烟道和光管换热器。喷淋烟道设置为 0.3m，喷淋位置与实验系统保持一致。此外，换热器的水箱从计算域中移除，为精确计算流场，将出口计算域进行了延长，其他尺寸均与实验用换热器保持一致。

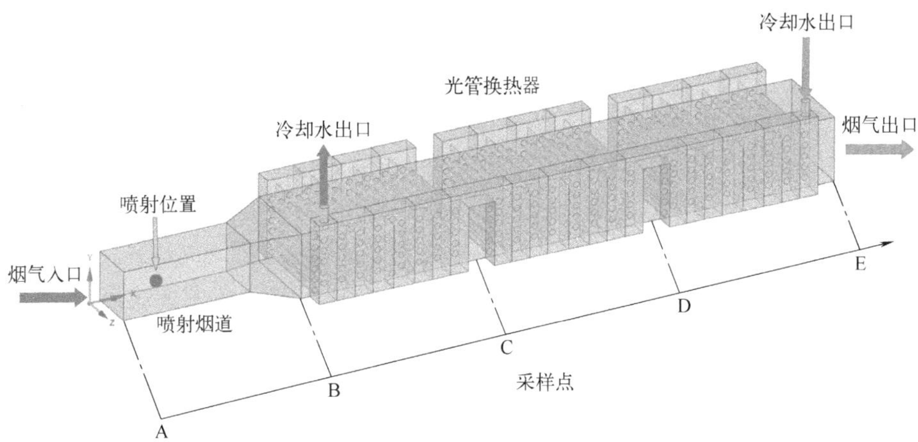

图 5-4　物理模型

烟气被视为空气与水蒸气的混合物，其比热容、黏度等物理参数依据混合律确定。烟气温度设置为 55℃，冷却水温度为 17℃，碱液滴温度为 20℃，碱液滴直径为 50μm，喷射类型为实心圆锥雾喷头，角度为 35°，碱液滴质量流量为 5×10^{-4}kg/s。含不凝性气体烟气的冷凝计算采用异步模拟方法进行。首先，给定一个恒定的壁面温度，对烟气通道内的流动进行模拟。将管壁热通量文件作为此次模拟的输出结果写入。然后，将该文件作为输入边界条件导入，以模拟冷却水通道。在此模拟收敛后，将管壁温度文件作为第二个输出结果写入。随后，交替运行这两个模拟 2～3 次以实现收敛。在完成冷凝与传热计算后，加入 DPM 模型以计算喷雾场。

5.3.2 模拟结果分析

如图 5-5（a）和图 5-5（b）所示，随着烟气与冷却水持续进行热交换，烟气温度和水蒸气浓度沿主流方向快速下降。因此，大量余热和废水得以回收利用。在近管壁的温度与浓度边界层内，硫酸雾易受到热泳力和扩散泳力的作用。如图 5-5（c）所示，过饱和度以较慢的速率持续增大，同时在管束周围出现高度过饱和区域。由于

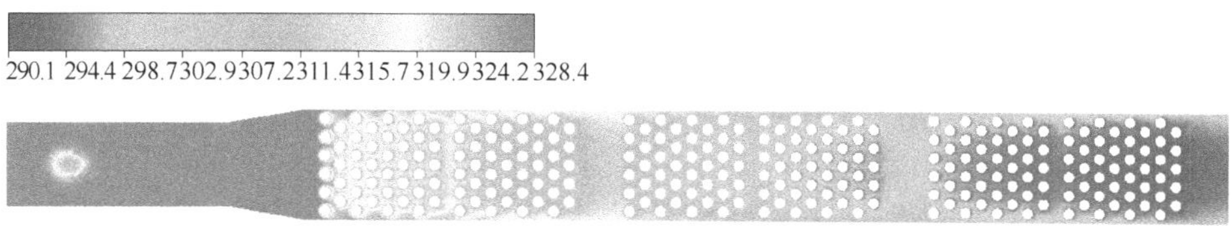

(a) 烟气温度(K)

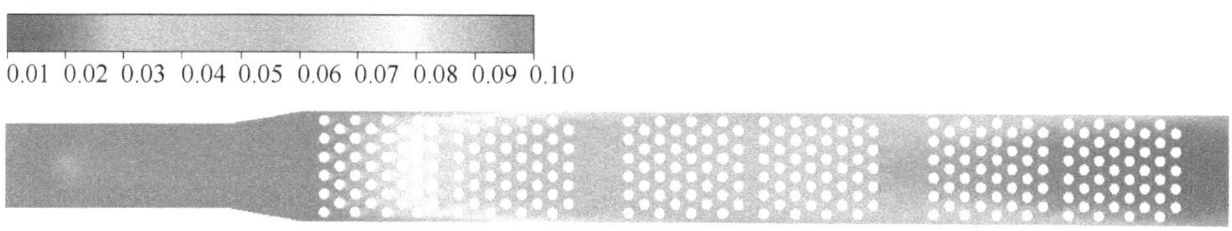

(b) 水蒸气质量分数

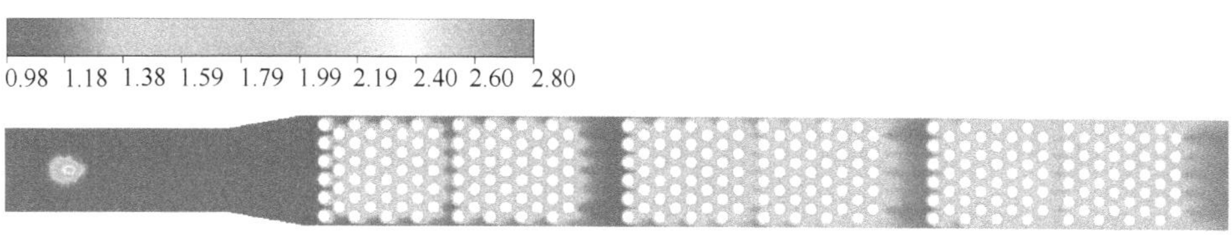

(c) 烟气饱和度

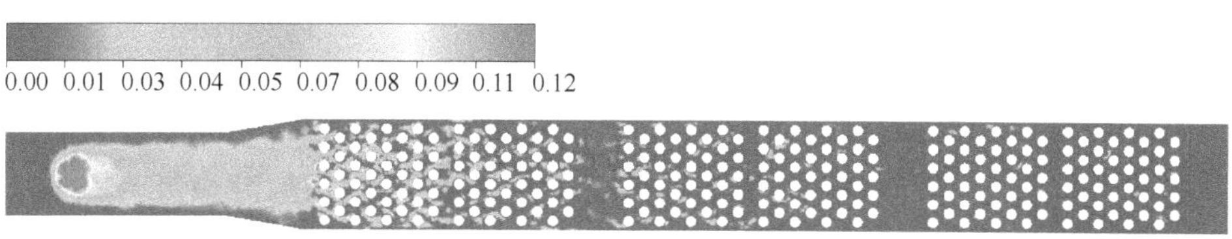

(d) 碱液滴质量分数

图 5-5 分布云图

扫码看彩图 5-5

入口烟气已达饱和状态，在整个冷凝过程中，烟气始终处于饱和或过饱和状态。因此，硫酸雾的异质冷凝生长过程贯穿整个流动过程。与此同时，碱性吸收剂液滴的喷射对烟气温度、水蒸气浓度及过饱和度分布的影响较小。图 5-6 给出了采样点烟气温度。有无碱液喷射时，换热器出口烟气温度差异小于 1℃。此外，换热器入口处（测量点 B）的模拟结果与实验结果存在较大偏差，这是由于实验中压缩空气雾化碱性溶液的过程会对烟气温度产生影响，而模拟未考虑该因素。

图 5-5（d）给出了碱液滴质量分数的分布情况。在第 1 组管束区域，喷雾场可均匀覆盖约 70%的区域，而该区域正是 SO_3 浓度最高的区域。这使得硫酸雾与碱性液滴得以充分混合，从而最大化碰撞概率。从图 5-5（d）中还可观察到吸收剂液滴质量浓度在换热器内沿烟气流动方向急剧下降，这表明无论吸收剂液滴是否捕获硫酸雾，大部分碱液滴都能被换热器管束拦截。

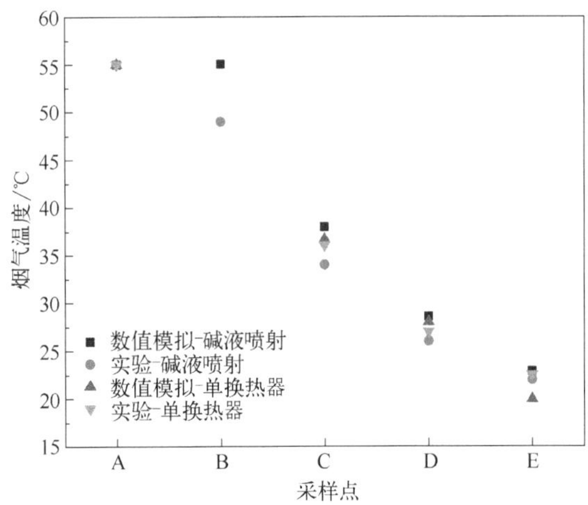

图 5-6 采样点烟气温度

5.4 碱液喷射对烟气冷凝相变过程中硫酸雾脱除性能的影响

5.4.1 碱液喷射对硫酸雾数量脱除性能的影响

在换热器前端烟道设置喷射点，考察碱液喷射对硫酸雾数量浓度的影响。实验工况为：烟气入口温度 55℃，入口烟气相对湿度 100%，SO_3 浓度 $30mg/m^3$，循环冷却水流量 450L/h，冷却水入口温度 17℃，碱液温度 20℃，碱液雾化量（碱液与烟气流量比值）设定为 $0.02L/m^3$，对应的 Na 与 SO_3 的物质的量比

(Na_2 ∶ S) 为 2。

如图 5-7 所示为有无碱液喷射时换热器和除雾器出口硫酸雾粒径分布。从图中可以看出，出口处绝大部分硫酸雾数量浓度集中在亚微米级粒径段，在 ELPI 粒径测量范围内呈双峰分布，粒径在 0.1μm 附近的酸雾数量浓度最高。当碱液喷射技术与烟气冷凝相变技术结合后，0.1μm 左右以及微米级粒径段的硫酸雾数量浓度显著降低，而 0.1μm 以下粒径的酸雾数量浓度变化很小，甚至个别粒径段的数量浓度高于无碱液喷射时的数量浓度。

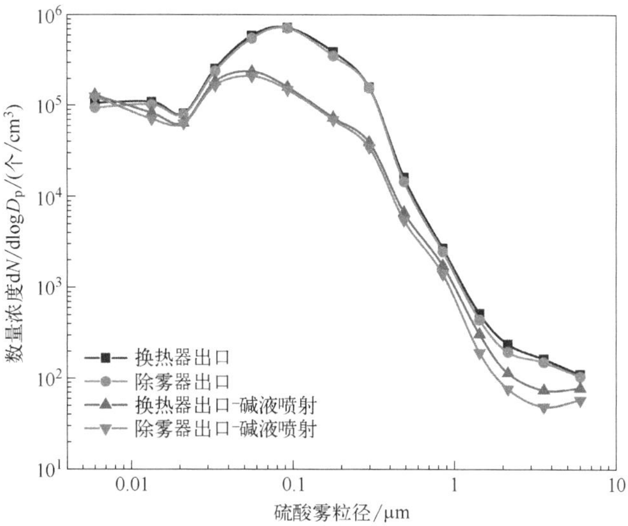

图 5-7 有无碱液喷射时换热器和除雾器出口硫酸雾粒径分布

如图 5-8 所示为有无碱液喷射时换热器和除雾器出口测得的硫酸雾分级脱除效率。从图 5-8 中可以看出，换热器耦合碱液喷射能够显著提高硫酸雾数量的脱除效率。硫酸雾分级脱除效率存在两个峰值，粒径在 0.177μm 和 3.58μm 附近的酸雾数量脱除效率最高，分别为 84.6%和 83.3%。结果表明，当碱液喷射与换热器耦合时，能够消除格林菲尔德缺口，显著提高整体硫酸雾脱除效率。无碱液喷射时，格林菲尔德缺口的存在是因为粒径处于 0.1～1μm 的酸雾所受布朗扩散和惯性拦截的作用都很弱，但由于水汽相变的存在，与没有冷凝发生的换热器相比，有冷凝发生的换热器的 0.1～1μm 的酸雾脱除效率也不会很低。这是因为有冷凝发生时，斯蒂芬流使得扩散泳力显著提高，而从图 5-2 可知，扩散泳力不受酸雾粒径的影响。当碱液喷射和换热器耦合时，0.1～1μm 的酸雾易在热泳力和扩散泳力作用下被碱液滴捕集，导致该粒径区间的酸雾脱除效率显著提高，与其他粒径区间的酸雾脱除效率基本持平甚至更高。粒径小于 0.01μm 的酸雾脱除效率低于无碱液喷射时，可能的原因是有部分雾化的粒径很小的碱液滴被烟气夹带到了出口处。

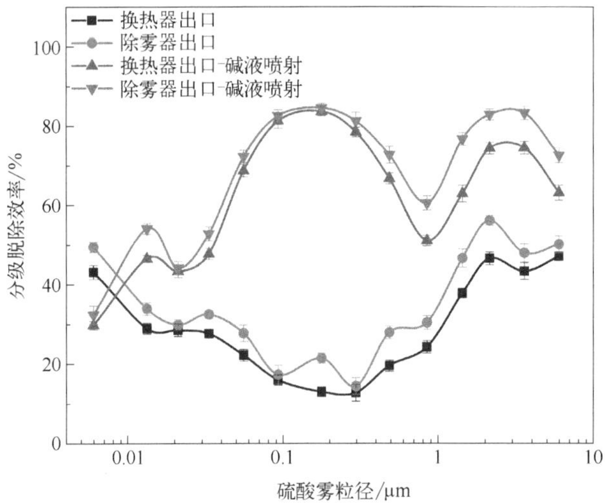

图 5-8　有无碱液喷射换热器和除雾器出口测得的硫酸雾分级脱除效率

图 5-9 和图 5-10 分别给出了有无碱液喷射时换热器和除雾器出口硫酸雾数量浓度变化及整体数量脱除效率。从图 5-9 中可以看出，有碱液喷射时，硫酸雾数量

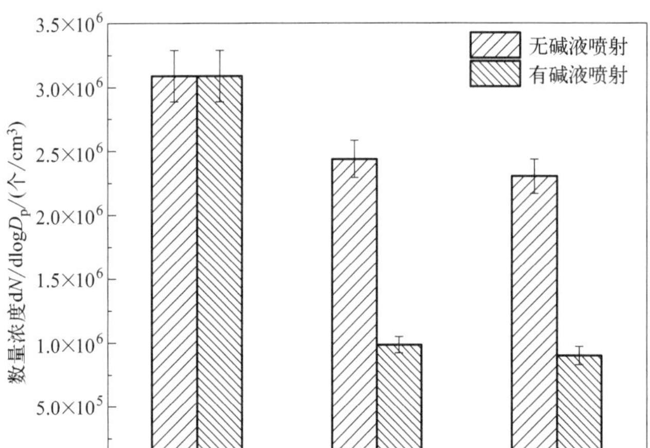

图 5-9　有无碱液喷射硫酸雾数量浓度变化

浓度显著降低。无碱液喷射时，光管换热器中硫酸雾数量浓度由 3.09×10^6 个/cm^3 在除雾器出口降至 2.3×10^6 个/cm^3；有碱液喷射时，光管换热器中硫酸雾数量浓度在除雾器出口降至 9×10^5 个/cm^3。

由图 5-10 可知，光管换热器在除雾器出口的数量脱除效率由无碱液喷射时的 24.5%提高至 70.9%。无论有无碱液喷射，除雾器的硫酸雾数量脱除性能都较差。这是因为除雾器的脱除机理为惯性碰撞和拦截，因此对微米级粒径段的硫酸雾更有效，而该粒径段的酸雾数量浓度很低，因此除雾器的数量脱除效率并不显著。

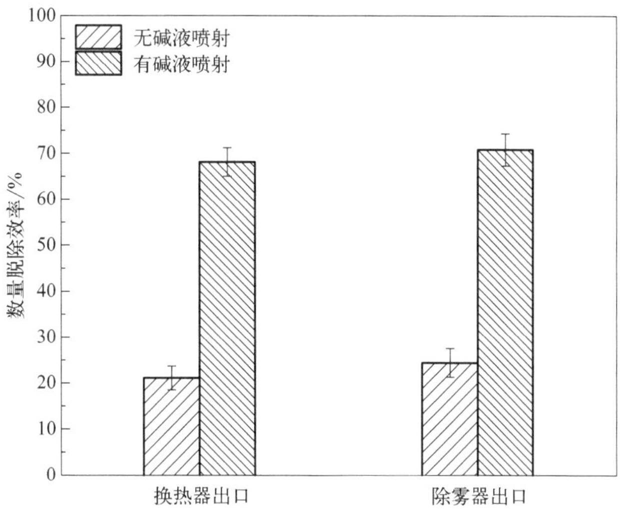

图 5-10　有无碱液喷射硫酸雾整体数量脱除效率

5.4.2　碱液喷射对硫酸雾质量脱除性能的影响

在换热器前端烟道设置喷射点，考察碱液喷射对硫酸雾质量脱除性能的影响。实验工况为：烟气入口温度为 55℃，入口烟气相对湿度为 100%，SO_3 浓度为 $30mg/m^3$ 和 $60mg/m^3$，循环冷却水流量为 450L/h，冷却水入口温度为 17℃，碱液温度为 20℃，碱液雾化量（碱液与烟气流量比值）设定为 $0.02L/m^3$，对应的 Na 与 SO_3 的物质的量比（Na_2 : S）为 2。

图 5-11 给出了有无碱液喷射时，碱液喷射烟道、换热器和除雾器的 SO_3 质量脱除效率。从图 5-11 中可以看出，有碱液喷射时，部分酸雾在碱液喷射烟道中被脱除，而更多的酸雾被换热器脱除。碱液喷射系统运行时，在 $30mg/m^3$ 的 SO_3 浓度下，光管换热器的总脱除效率由 37.8%提高至 54.5%，提高了

16.7%，在 60mg/m^3 的 SO_3 浓度下，脱除效率由 45.9%提高至 61.4%，说明碱液喷射与烟气冷凝相变技术结合可有效提高烟气凝变过程中硫酸雾的脱除效率。

首先，硫酸雾在进入换热器之前先进入碱液喷射烟道中，部分酸雾被碱液滴吸收，转化为硫酸盐液滴，然后沉积在烟道中。其次，烟气携带碱液滴、未沉积的硫酸盐液滴和酸雾进入换热器。虽然进入换热器的酸雾浓度降低，但管束的扰流作用可进一步促进碱液滴对酸雾的捕集。在惯性碰撞、热泳和扩散泳的作用下，未沉积的硫酸盐液滴被捕集到凝结水中。因此，换热器仍然是整个脱除系统中的主要脱除装置。此外，当只有换热器和除雾器运行时，由于酸雾粒径小，除雾器的脱除效率很低。有碱液喷射时，除雾器的脱除效率由 3.8%提高至 5.1%。这主要是由于雾化的碱液滴大多为微米级颗粒，导致反应后的硫酸盐液滴也为微米级粒径，比酸雾更容易在惯性碰撞作用下被捕集。因此，从换热器逃逸的硫酸盐液滴很容易被除雾器拦截。

综上，碱液喷射耦合烟气换热技术对硫酸雾的数量浓度的脱除效率高于质量浓度的脱除效率，这主要是由于酸雾粒径分布的特征所导致的。亚微米级粒径的酸雾数量浓度很高，而其质量浓度低；微米级粒径的酸雾数量少，质量高。有碱液喷射时，雾化的碱液滴拥有较大的比表面积，能够显著提高酸雾的捕集率，因此对数量浓度的降低更有效。

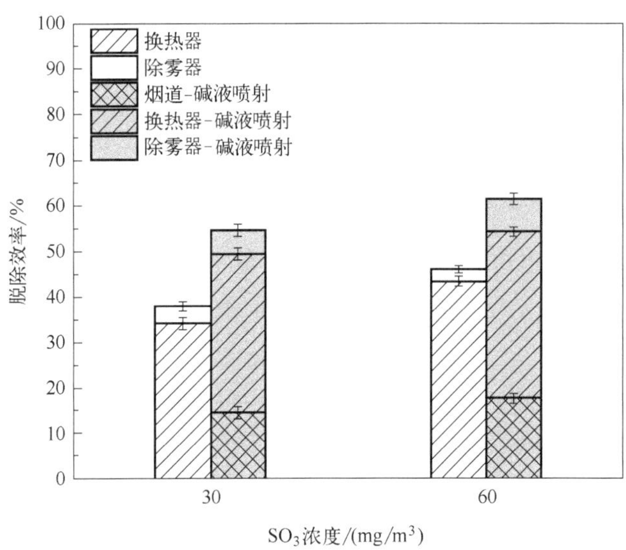

图 5-11 有无碱液喷射 SO_3 脱除效率比较

5.4.3 沿程脱除效率和水回收性能

在换热器前端烟道设置喷射点，考察碱液喷射对硫酸雾沿程脱除效率以及水回收的影响。实验工况为：烟气入口温度为55℃，入口烟气相对湿度为100%，循环冷却水入口温度为17℃，冷却水流量为450L/h，SO_3 浓度为30mg/m^3；碱液温度为20℃，碱液雾化量（碱液量与烟气比值）设定为0.02L/m^3。

如图5-12所示为各组管束硫酸雾脱除和水回收性能。从图5-12中可以看出，沿烟气流动方向，SO_3 脱除效率迅速降低，温降幅度减小，收集水量逐渐减少。收集的水量由冷凝水和收集的碱性溶液两部分组成。当烟气依次流过第1组、第2组和第3组换热管束时，烟气温度快速降低，同时产生大量凝结水。由于较大的温降和斯蒂芬流的影响，硫酸雾的热泳力和扩散泳力显著增强。此外，换热器内形成了过饱和环境，硫酸雾可以迅速生长，这对脱除性能有积极的影响。随烟气进入换热器的微米级碱液滴作为团聚核，能够进一步吸收和凝聚这些小的酸性液滴。沿烟气流动方向，热泳效应和扩散泳效应均减弱，这可能是酸雾脱除效率急剧下降的主要原因。

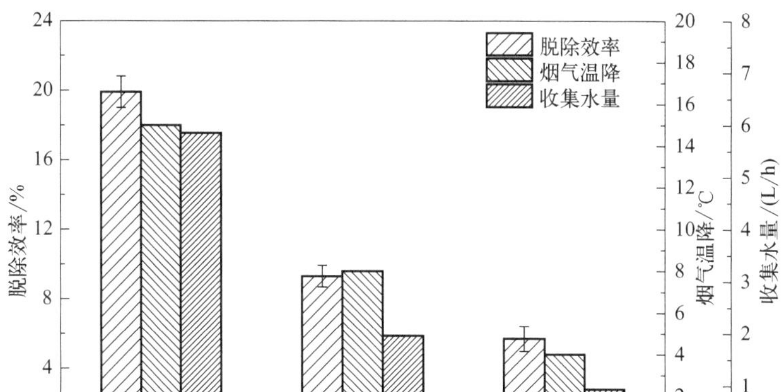

图5-12 各组管束硫酸雾脱除和水回收性能

每组管束收集水的pH值如图5-13所示。无碱液喷射时，收集水为冷凝水，pH值约为3。当碱液喷射系统运行时，三组管束收集水的pH值都变大。第1组换热管束收集水的pH值超过10，第2组和第3组的pH值略有增加，均在4以下。实验结果表明，进入换热器的碱性液滴大部分沉积在第1组管束内，少部分被第2组和第3组及除雾器拦截。实验发现，约94%的碱性溶液可以被换热器回收，说明该技术并不会造成水资源的浪费。

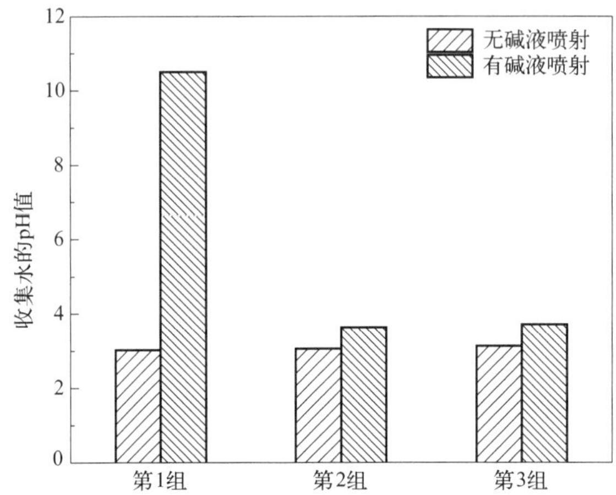

图 5-13　每组管束收集水的 pH 值

5.5　实验条件对 SO_3 脱除性能的影响

5.5.1　吸收剂种类的影响

钠基吸附剂是一种常用的脱硫吸收剂，具有反应产物稳定、无二次污染等优点。在本小节中，选择钠基吸收剂来考察不同碱性吸收剂对硫酸雾脱除的性能。在相同的实验条件下，进行了 Na_2CO_3、$NaHCO_3$ 和 NaOH 的对比实验。SO_3 质量浓度为 30mg/m^3，其他实验条件与上节相同。不同碱性吸收剂的脱除效率如图 5-14 所示。光管换热器中，不同吸收剂对 SO_3 的脱除效率依次为 Na_2CO_3＜$NaHCO_3$＜NaOH；涡流换热器中，脱除效率排序为 $NaHCO_3$＜Na_2CO_3＜NaOH。实验结果表明，不同吸收剂之间脱除效率差别并不大，光管换热器和涡流换热器中不同吸收剂之间的脱除效率最大差值分别为 2.5％和 4.3％。这主要是因为 SO_3 以气溶胶的形式存在于烟气中时，气溶胶的扩散系数比 SO_3 气体的扩散系数低很多，因此，脱除性能主要受硫酸雾扩散的影响，而不是吸附剂溶液的性质。三种碱性吸收剂中，NaOH 的脱除效率最高，这可能与吸收剂溶液的 pH 值有关，pH 值越高，对硫酸雾的脱除效率越高[177,178]。

5.5.2　碱液雾化量的影响

如图 5-15 所示为换热器前烟道中不同碱液雾化量对 SO_3 的脱除效率。吸收剂溶液的雾化量范围为 0.005～0.04 L/m^3，对应的 Na 与 SO_3 的物质的量比（Na_2∶S）在 0.5～4 之间变化，其他实验条件与前面一致。从图 5-15 中可以看

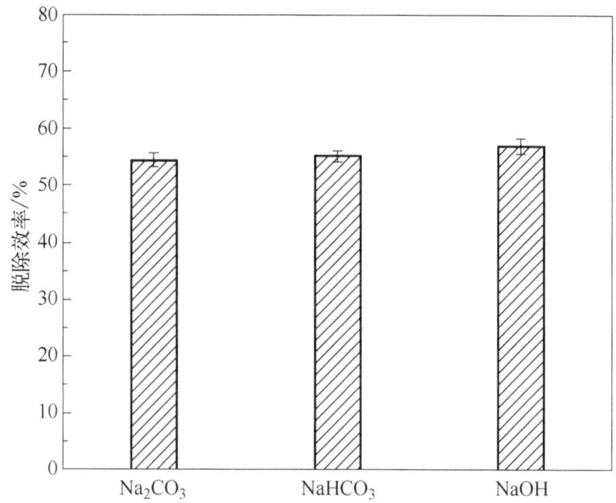

图 5-14　不同碱性吸收剂的脱除效率

出，碱液雾化量与 SO_3 的脱除效率呈正相关。当 SO_3 质量浓度为 30mg/m^3 和 60mg/m^3，碱液雾化量由 0.005L/m^3 增加到 0.04L/m^3 时，SO_3 的脱除效率分别提高了 18.4%和 11.5%。当 SO_3 质量浓度为 60mg/m^3 时，SO_3 的脱除效率最高达到了 64.9%。主要原因是碱液雾化量的增加意味着喷淋到烟气中的碱性液滴数量浓度增加，碱液滴的比表面积增大，与 SO_3 酸雾的碰撞机会增加。但在相同的雾化气压下，随着碱液雾化量的增加，雾化碱液滴的尺寸增大，抑制了脱除效率的提高。因此，随着雾化碱液量的增加，脱除效率的增长率减小。

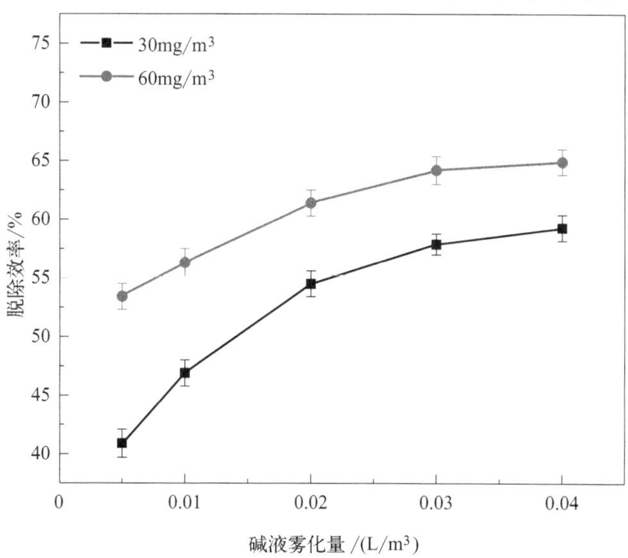

图 5-15　换热器前烟道中不同碱液雾化量对 SO_3 脱除效率

5.5.3 烟气温降的影响

如图 5-16 所示为烟气温降对 SO_3 脱除的影响。烟气温降通过调节循环冷却水入口温度来控制，温降是指从碱液喷射烟道入口到除雾器出口的整体烟气温度降低幅度。从图 5-16 中可以看出，随着烟气温降的增加，SO_3 脱除效率逐渐提高。当 SO_3 质量浓度为 30mg/m^3 和 60mg/m^3 时，烟气温降由 11℃ 增加到 33℃，SO_3 的脱除效率分别提高了 12.7%和 6.5%。

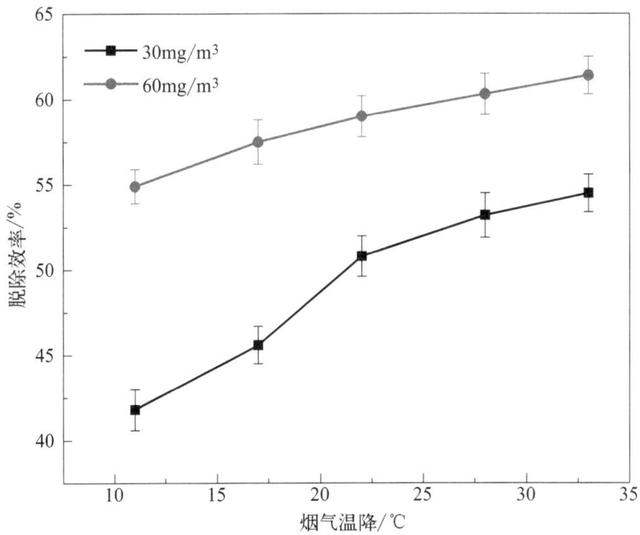

图 5-16 烟气温降对 SO_3 脱除的影响

脱除性能的增强是多种因素共同作用的结果。首先，当温降增大时，换热器内产生了更大的过饱和度，硫酸雾粒径的增长速度也随之增大，从而产生了更多大粒径的酸雾，使得酸雾易被管壁、翅片或除雾器捕集。烟气降温的同时，异相凝结强度增加，水蒸气开始凝结在吸收剂或硫酸盐液滴的表面，导致产生的扩散泳效应增强，拖动硫酸雾靠近大粒径碱液滴，并最终被捕集。其次，由于水蒸气的凝结，热泳和扩散泳都得到了增强，有利于酸雾被换热壁面捕集。此外，烟气温降越大，冷凝水流量越大，在回收大量凝结水的同时，换热器内形成“降雨效应”，部分硫酸雾可被凝结水水滴通过重力沉降捕集。总体来说，脱除性能与水汽相变强度密切相关。

5.5.4 碱液喷射和烟气冷凝耦合方式的影响

喷雾位置和方向的变化可能会对 SO_3 脱除性能产生影响。为了确定碱液喷射和烟气换热器两种技术最有效的耦合方式，本书选取了两种耦合方式进行测试。耦合方式1为在换热器前端烟道设置碱液喷射位点，喷射方向与烟气流动方向相反；耦合方式2为在换热器顶部进行碱液喷射，喷射方向为垂直向下。耦合方式1设置1个喷嘴，耦合方式2设置3个喷嘴，分别布置于各组管束中间位置，喷射位置下方的管束设置一定间距以避开喷雾。两个位置的碱液雾化总量相等。选取 Na_2CO_3 作为吸收剂，在相同吸收剂浓度下，碱液雾化量为0.005～0.04L/m^3，SO_3 质量浓度为30mg/m^3。其他运行参数及温度测量结果如表5-1所示。耦合方式对 SO_3 脱除的影响如图5-17所示。

表5-1 不同耦合方式下运行参数和温度变化

序号	耦合方式	碱液雾化量/(L/m^3)	碱液温度/℃	烟道入口温度/℃	换热器入口温度/℃	除雾器出口温度/℃
1	1	0	—	55	55	22.5
2	1	0.01	20	55	50.2	22.3
3	1	0.02	20	55	49	22
4	1	0.03	20	55	48.6	22
5	1	0.04	20	55	48.3	22.1
6	2	0.01	20	55	49.8	24.9
7	2	0.02	20	55	55	25.1
8	2	0.03	20	55	55	25.3
9	2	0.04	20	55	55	25.4

从表5-1中可以看出，耦合方式1对系统整体烟气温降影响不大，而耦合方式2则使换热效果略微变差。在没有除雾器的情况下，耦合方式2的 SO_3 脱除效率高于耦合方式1，而在有除雾器的情况下，耦合方式1的脱除效率高于耦合方式2。这可能是由于喷射方向不同造成的。实验结果表明，除雾器可以去除小部分硫酸雾，这些酸雾包括长大后的酸雾和反应产生的硫酸盐液滴。耦合方式1产生的粒径较小的碱液滴比耦合方式2产生的粒径较小的碱液滴更容易被烟气夹带并从换热器中逃逸。这些粒径较小的碱液滴与酸雾反应后，形成的硫酸盐液滴的尺寸仍然很小。当这些硫酸盐液滴从换热器逃逸后，除雾器可以通过惯性碰撞拦截它们。因此，两种耦合方式下脱除效率的差异是由除雾器捕集的硫酸盐液滴造成的。但实际差异并不大，以0.02L/m^3 的碱液雾化量为例，有除雾器的情况

下，光管换热器系统的脱除效率差异仅为 2.1%。从上述分析可以看出，耦合方式 1 比耦合方式 2 更有优势。

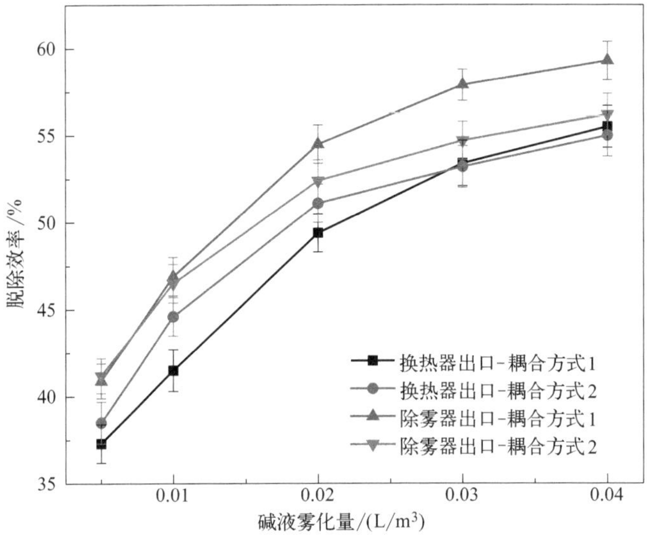

图 5-17　技术耦合方式对 SO_3 脱除的影响

5.6　技术经济性分析

上述实验结果证明，本书提出的碱液喷射联合换热器的脱除系统具有良好的硫酸雾脱除性能。在现有的硫酸雾脱除技术中，湿式静电除尘器能够取得相对较好的脱除效果。因此，本节对该联合脱除系统与湿式电除尘器的经济性进行了评估与对比。

以国内某燃烧烟煤的 300MW 电厂为评估对象，对其成本与收益进行评估。年运行时间按 5500h 计。联合脱除系统安装于湿法脱硫塔后，可同时回收热量和废水。设定烟气温降为 5℃，假设湿法脱硫系统出口 SO_3 浓度为 $30mg/m^3$，碱溶液温度为 20℃，喷淋量为 $0.02L/m^3$。回收的热量通过热泵系统用于区域供热，回收的废水可直接用于湿法脱硫系统。在特殊情况下，可以由冷却塔提供低温冷却水，作为换热器的冷却工质，相关工艺如图 5-18 所示。

成本包含设备投资、安装、运行和维护费用。收益包括区域供热收入与节约的用水成本。基于 Cui[111] 采用的经济评估方法，结合中国市场报价与行业标准进行计算，费用按 6.73∶1 的汇率由人民币折算为美元。如表 5-2 所示，联合脱除系统的总投资成本与年运行和维护成本分别为 828 万美元和 93 万美元，远高

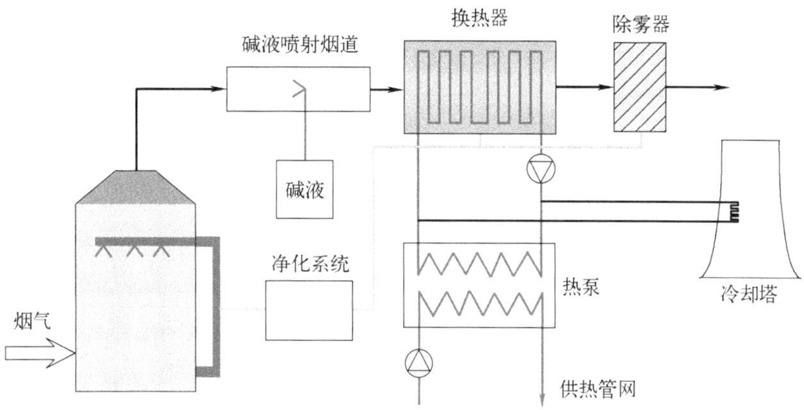

图 5-18 碱液喷射联合换热器技术在燃煤电厂应用的工艺

于湿式电除尘器。然而，联合脱除系统每年可获得 431 万美元的总收益，而湿式电除尘器无收益项。联合脱除系统的投资回收期约为 2.5 年，表明其经济性优于湿式电除尘器。在环境效益方面，联合脱除系统可实现最高 64.9%的 SO_3 脱除效率，WESP 则最高可达 95%。虽然联合脱除系统的脱除效率低于湿式电除尘器，但联合脱除系统能够消除烟羽并减轻雾霾。

表 5-2 碱液喷射联合换热器技术的经济性

指标名称	联合脱除系统	湿式电除尘器
成本		
换热器/$\times10^6$ 美元	2.01	—
碱液喷射系统/$\times10^6$ 美元	0.91	—
除雾器/$\times10^6$ 美元	0.15	—
热泵/$\times10^6$ 美元	3.83	—
湿式电除尘器/$\times10^6$ 美元	—	2.33
设备安装成本/$\times10^6$ 美元	1.2	1.2
设备总成本/$\times10^6$ 美元	8.28	2.8
运行和维护费用		
单位电价/[美元/(kW·h)]	0.075	0.075
每年耗电量/($\times10^6$kW·h/年)	3.89	1.1

续表

指标名称	联合脱除系统	湿式电除尘器
运行和维护费用		
每年运行电费/$\times10^6$ 美元	0.29	0.083
每年碱性吸收剂费用/$\times10^6$ 美元	0.62	0
每年维护费用/$\times10^6$ 美元	0.08	0.034
运行和维护总费用/$\times10^6$ 美元	0.99	0.117
收益		
每年热量回收量/MW	32.69	—
每年集中供热时长/h	5500	—
集中供热量/(GJ/年)	647262.00	—
供热单价/(美元/GJ)	6.46	—
每年热量回收收益/($\times10^6$ 美元/年)	4.18	—
每年回收水量/(t/h)	27.53	—
单位水价/(美元/t)	0.84	—
每年水回收收益/$\times10^6$ 美元	0.13	—
每年总收益/$\times10^6$ 美元	4.31	—

5.7 本章小结

本章首先分析了碱液喷射耦合烟气冷凝脱除硫酸雾的可行性，通过计算研究了脱除机理，通过数值模拟得到了温度、水蒸气浓度梯度、烟气饱和度及碱液滴分布云图。随后研究了实验条件对硫酸雾脱除性能和水回收的影响规律。并基于实验结果，对该方法与湿式电除尘器在某 300MW 燃煤发电机组的应用方案进行了技术经济性比较，探讨了碱液喷射结合烟气冷凝技术的市场应用前景。主要结论如下。

① 碱液喷射耦合换热器能够消除格林菲尔德缺口，显著提高整体硫酸雾脱除效率。粒径在 0.177μm 和 3.58μm 附近的酸雾数量脱除效率最高。碱液喷射系统运行时，在 30mg/m^3 的 SO_3 浓度下，光管换热器系统的总质量脱除效率提高了 16.7%，数量脱除效率高于质量脱除效率。

② 单个碱性液滴在不同机理下的硫酸雾捕集效率计算结果表明，对 0.1μm 以下的硫酸雾，碱液滴捕集机理以热泳和扩散泳为主；对于粒径大于 1μm 的硫酸雾，惯性碰撞和拦截为影响碱液滴捕集酸雾的主要机理。

③ 沿烟气流动方向，SO_3 脱除效率迅速降低，温降幅度减小，收集水量逐渐减少。进入换热器的碱液滴大部分沉积在第 1 组管束内，少部分被第 2 组、第 3 组和除雾器拦截，约 94%的碱液滴可以被换热器回收。结果表明，该技术不仅不会造成水的浪费，而且可以从烟气中回收水和热量。脱除效率随碱液雾化量和温降的增大而升高。不同吸附剂的脱除效率差异不大，其中 NaOH 的脱除效率最高。碱液喷射与烟气冷凝技术最有效的耦合方式为换热器前端烟道逆喷（耦合方式 1）。

④ 经济性评估结果表明，碱液喷射耦合涡流换热器技术在火力发电厂中具有良好的应用前景。联合脱除系统与湿式电除尘器相比具有更好的经济性，以某 300MW 燃煤发电机组为例，当每年运行时间为 5500h 时，换热器的投资回收期为 2.5 年。

第6章

碱液喷射结合湍流团聚促进硫酸雾和颗粒物协同脱除

第 5 章的研究结果表明，碱液喷射耦合烟气冷凝技术能够显著提高硫酸雾的脱除性能。在实际烟气中，硫酸雾与颗粒物共存，当硫酸雾与颗粒物发生碰撞时，硫酸雾会吸附在颗粒物表面，与颗粒物表面的碱性物质发生化学反应。硫酸雾与颗粒物之间的团聚和凝并有利于硫酸雾和颗粒物的捕集脱除，但脱硫烟气中的硫酸雾和颗粒物的体积分数都很低。此外，碱液滴在烟道和换热器内停留时间较短，为充分利用碱液滴吸收硫酸雾，同时捕集颗粒物，本章提出碱液喷射结合湍流团聚的方法对烟气凝变过程中的硫酸雾和颗粒物进行协同脱除。

湍流团聚技术是利用湍流涡片产生的湍流流场来促进颗粒物团聚长大的一种技术，一般将该技术作为辅助手段与其他技术耦合使用，达到提高颗粒物脱除效率的目的。湍流团聚装置具有结构简单、易安装、能耗低等优点。本章利用产生的湍流流场促进碱液滴对硫酸雾和颗粒物的捕集，同时促进硫酸雾和颗粒物的团聚和凝并，从而进一步提高硫酸雾和颗粒物在烟气凝变过程中的脱除效果。采用数值模拟和实验的方法，考察了该技术的硫酸雾和颗粒物的协同脱除特性，分析了碱液喷射耦合湍流团聚的脱除机理，以及不同实验条件对硫酸雾和颗粒物脱除性能的影响。

6.1 实验系统及方法

6.1.1 实验系统

本章通过比较不同形状扰流件的扰流特性，选定具有 Y 形结构的扰流元件进行实验。实验系统示意如图 6-1 所示。模拟烟气由风机产生，通过电加热器和蒸汽发生器控制模拟烟气的温度和湿度。SO_3 和颗粒物通过 SO_3 发生器及粉尘发生器从酸雾室添加进入模拟烟气中。湍流团聚器安装在碱液喷射烟道后方、换热器的前端。碱液通过双流体雾化喷嘴逆向喷入烟道，随后随烟气进入湍流团聚器，在湍流团聚器中捕集硫酸雾和颗粒物后，进入换热器被捕集。空压机出口气体压力设置为 0.3MPa，碱液流量通过蠕动泵控制。换热器后方设置丝网除雾器。在湍流团聚器、换热器和除雾器前后设置采样点，利用 ELPI、SO_3 采样系统和烟尘采样器测试烟气中 SO_3、颗粒物粒径分布和质量浓度。烟气流量通过风机变频器调节为 $90m^3/h$，换热器入口温度控制为 55℃，相对湿度约为 100%，碱液雾化量为 $0.02L/m^3$，对应的物质的量比（Na_2：S）为 2：1。

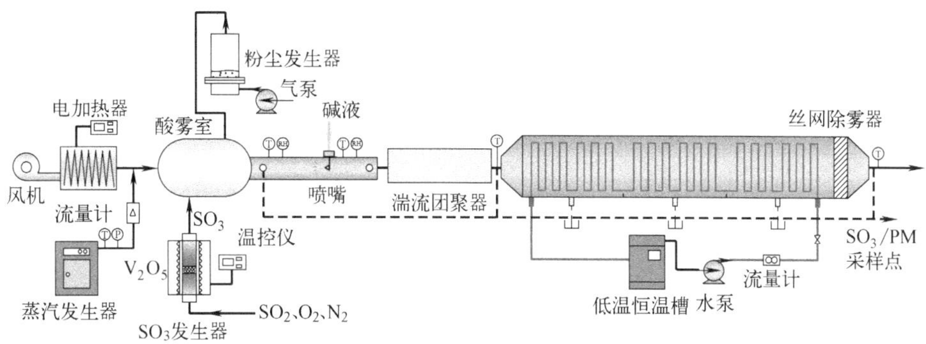

图 6-1　实验系统示意

6.1.2　湍流团聚器结构及流场分布

湍流团聚器和扰流元件结构示意如图 6-2 所示，扰流元件沿与烟气流向平行的平面呈对称结构，前端导流叶片沿烟气流动方向的长度为 15mm，后端两个扰流涡片的夹角为 60°，长度为 20mm。假定平行气流流向排布为行，垂直气流流向排布为列，则湍流团聚器为 2 行 10 列的布置方式。纵向间距为 60mm，横向间距为 37mm，长度为 700mm，宽度和高度均为 90mm。后端每个扰流涡片上均设置 3 个矩形切口，切口宽度为 10mm，深度为 5mm，矩形切口的作用为产生不同尺度的涡耦合作用于颗粒物和硫酸雾，同时强化烟气在竖直方向上的扰动。

为了明确湍流团聚器内的流场分布，在数值计算时做出如下假设：

① 模拟烟气由空气和水蒸气组成，视为理想气体；

② 湍流团聚器外壁面视为绝热壁面，不考虑散热；

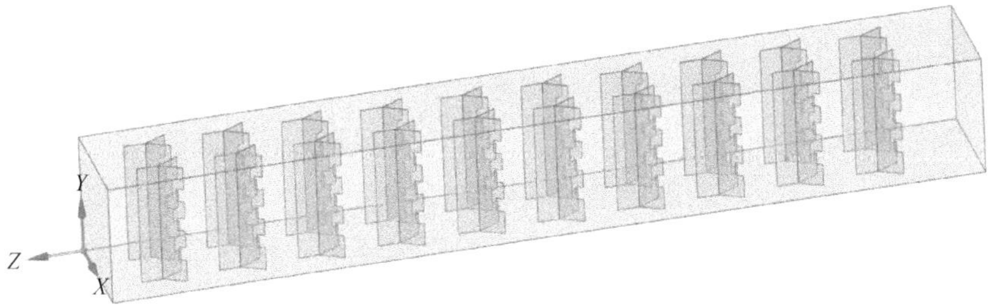

(a) 湍流团聚器

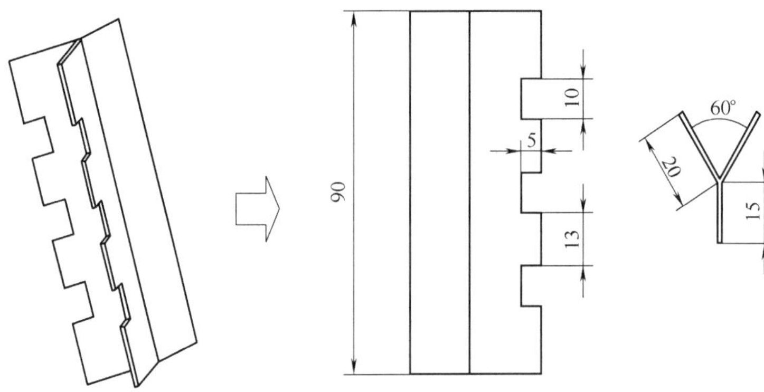

(b) 扰流元件结构和尺寸(单位：mm)

图 6-2　湍流团聚器和扰流元件结构示意

③ 硫酸雾和碱液滴均为球形，忽略运动过程中的蒸发、碰撞和破碎。

分别利用 Fluent meshing 软件和 Fluent 软件对湍流团聚器物理模型进行网格划分和计算流场。选用 Realizable k-ε 湍流模型，入口采用速度入口，入口流速为 3.1m/s，入口烟气温度为 55℃，烟气相对湿度为 100%，出口采用压力出口。压力和速度的耦合模型采用 SIMPLE 算法，离散格式均采用二阶迎风格式。通过模拟可知，湍流团聚器内的压降较小，约为 43Pa。

湍流团聚器内部流场如图 6-3 所示。从图 6-3（a）中可以看出，两列涡片中间以及两侧位置的烟气速度较快，而涡片尾部的烟气速度很慢。这是由于涡片尾部产生了大量涡，导致涡片尾部出现回流区。回流区烟气流速远小于主流区域烟气流速。从图 6-3（b）和图 6-3（c）中可以看出，Y 形扰流涡片产生的涡有横向涡和纵向涡，导致湍流团聚器内实际烟气流线为螺旋形，纵向涡尺度明显大于横向涡，纵向涡的形成更加有利于硫酸雾和颗粒物的碰撞和团聚。

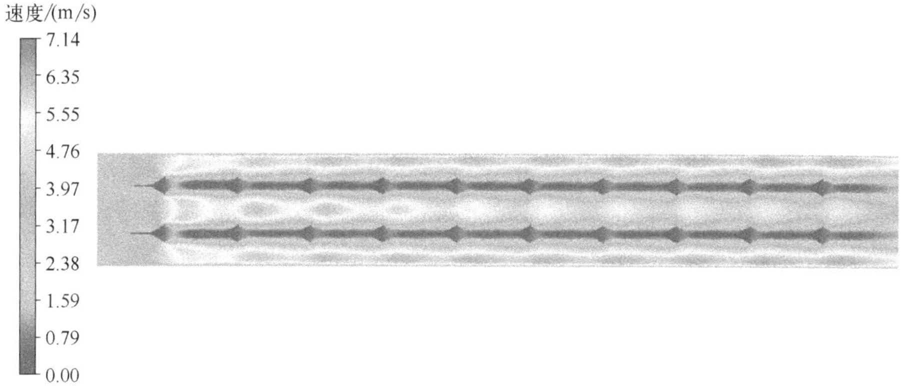

(a) 速度云图(y =45mm)

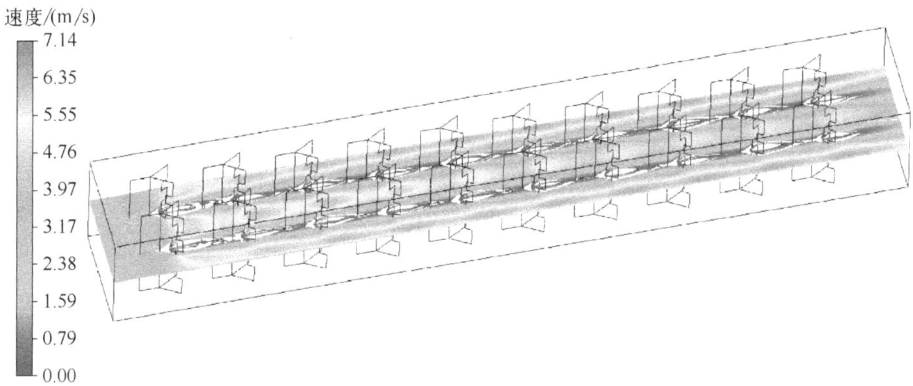

(b) 流线图(y =45mm)

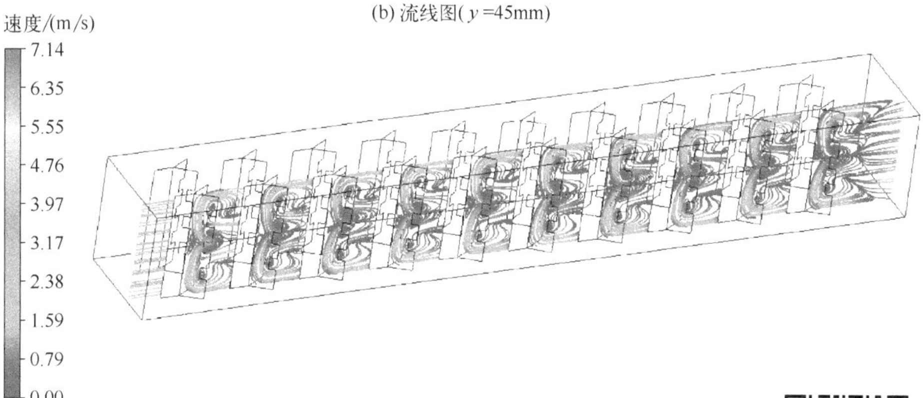

(c) 流线图(x=63.5mm)

图 6-3　湍流团聚器内部流场

扫码看彩图 6-3

6.2 团聚及脱除机理分析

为探究碱液喷射技术耦合湍流团聚技术的作用机理，采用DPM模型模拟计算不同粒径硫酸雾、颗粒物和碱液滴的运动轨迹。硫酸雾假定为质量分数为70%的硫酸液滴，颗粒物为燃煤电厂粉煤灰颗粒，碱液滴为质量分数0.4%的Na_2CO_3溶液滴，模拟结果如图6-4和图6-5所示。从图6-4（a）中可以看出，直径为0.012μm和0.1μm的硫酸雾分布在主流区和回流区，主流区的硫酸雾运动速度较快，由于硫酸雾粒径较慢，大量硫酸雾受涡的影响进入回流区，进入回流区的硫酸雾运动速度很慢。一方面，回流区内运动近乎滞止状态的硫酸雾易沉

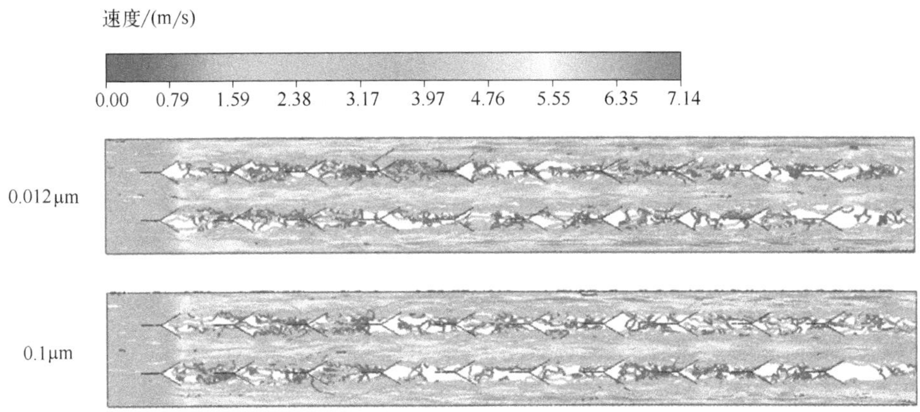

(a) 硫酸雾运动轨迹

扫码看彩图 6-4

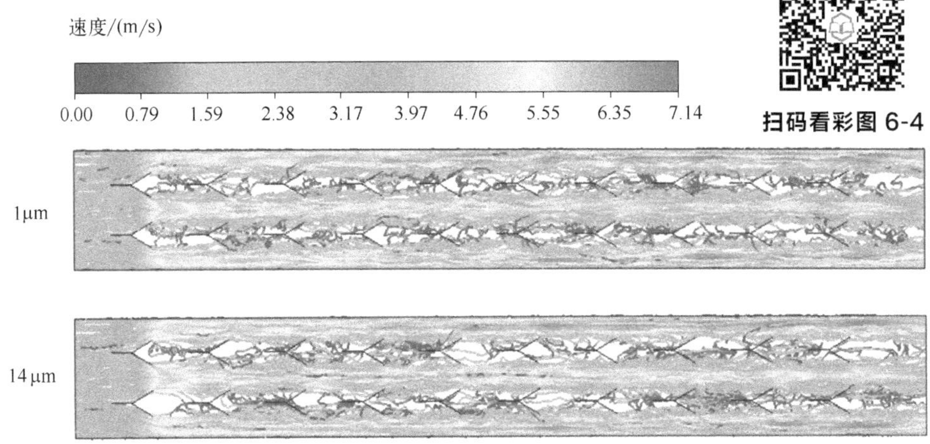

(b) 颗粒物运动轨迹

图 6-4　硫酸雾及细颗粒物运动轨迹

积在管束或翅片表面，被冷凝水流捕集；另一方面，在回流区内硫酸雾的运动轨迹被大大延长，有利于硫酸雾或颗粒物之间的碰撞和凝并。

选择直径为 1μm 和 14μm 的颗粒物来计算湍流流场中的运动轨迹，结果如图 6-4（b）所示。与亚微米粒径的硫酸雾的运动轨迹相似，微米粒径的颗粒物也容易受涡的影响，进入涡片后方的回流区。酸雾和颗粒物均具有较小的质量和惯性，对湍流团聚器中烟气的流动具有良好的跟随性。且粒径越小，烟气的跟随性越好。硫酸雾和颗粒物从一个回流区回到主流区后，会在涡的影响下进入下一个回流区，重复在主流区和回流区之间运动，直至流出湍流团聚器。燃煤电厂飞灰颗粒物的主要成分是二氧化硅（SiO_2）、氧化铝（Al_2O_3）、氧化铁（Fe_2O_3）和氧化钙（CaO），以及不同含量的碳、钙、镁和硫。飞灰中含有的碱性物质能够吸收硫酸雾，有研究将飞灰颗粒物利用 $Ca(OH)_2$、CaO 或 NaOH 处理后作为硫酸雾吸附剂，得到很好的吸附效果。进入湍流团聚器回流区的硫酸雾和飞灰颗粒物容易发生团聚和凝并，最终在湍流团聚器出口成为粒径更大的颗粒。

本书所用双流体雾化喷嘴，喷雾液滴的粒径在 100μm 以内，平均粒径约为 50μm。选取了 20μm 和 50μm 两个粒径模拟其运动轨迹，结果如图 6-5 所示。从图 6-5 中可以看出，20μm 的碱液滴大部分在主流区运动，也有部分碱液滴会跟随烟气进入回流区。50μm 的碱液滴，由于其质量和惯性都较大，不易受涡的影响，因此，绝大多数碱液滴都在主流区运动。模拟结果表明，与粒径较小的硫酸雾和颗粒物相比，碱液滴主要是沿各自的初始速度方向在两列湍流涡片中间以及两侧的主流区运动。当硫酸雾、颗粒物与碱液滴一同进入湍流团聚器后，它们的运动轨迹有很大差异。硫酸雾和颗粒物在重复进出回流区时会不断与主流区的碱液滴进行碰撞，导致硫酸雾和颗粒物被碱液滴捕集而粒径增大，随后再进入换热

扫码看彩图 6-5

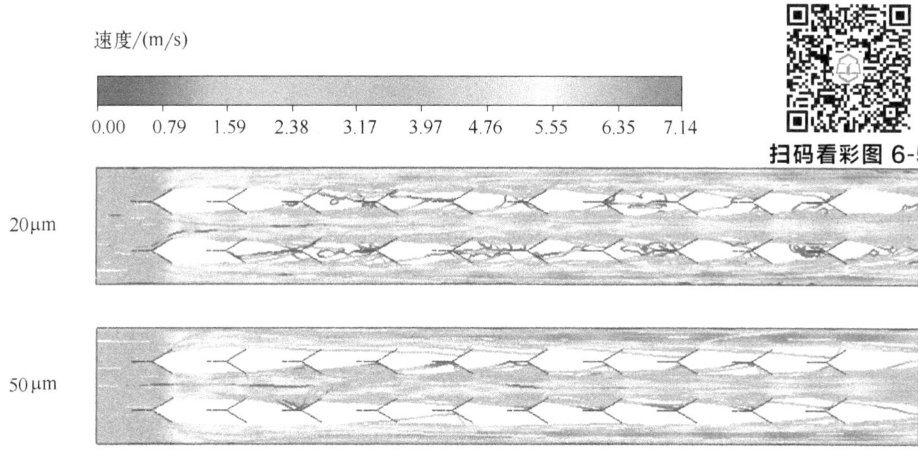

图 6-5　碱液滴运动轨迹

器和除雾器后被捕集。且碱液滴粒径越小，进入回流区的碱液滴数量越多，碱液滴的捕集效果越好。但根据本书第5章的分析可知，碱液滴粒径太小，蒸发会对小粒径碱液滴的捕集行为产生负面影响，碱液滴的粒径范围设置在30～100μm最合适。

如图6-6所示为硫酸雾和颗粒物的脱除过程和脱除机理。首先，碱液通过双流体雾化喷嘴雾化后逆向喷入碱液喷射烟道，此时，烟气温度略有下降。在烟道内，一方面，部分硫酸雾和颗粒物能够通过热泳、扩散泳效应扩散到碱液滴表面，团聚后硫酸雾与碱液发生中和反应，生成没有腐蚀性的硫酸盐液滴。另一方面，随着烟气温度降低，硫酸雾和颗粒物表面容易发生异相成核，导致粒径增大，颗粒物表面被水膜覆盖。在第二阶段，硫酸雾、颗粒物和碱液滴一同进入湍流团聚器中，在湍流流场中，小粒径的硫酸雾和颗粒物易受涡的影响，持续滞留在回流区，颗粒物在液桥力作用下易发生相互团聚以及与酸雾的凝并。大粒径的碱液滴主要在主流区运动，团聚后的硫酸雾和颗粒物进入主流区被碱液滴捕集。在第三阶段，烟道中未被捕集的硫酸雾、颗粒物、硫酸盐液滴以及碱液滴随烟气进入换热器。在换热器内，烟气温度大幅降低，由于管束附近存在较高的温度和较大的水蒸气浓度梯度，因此热泳和扩散泳效应得到增强，有利于小粒径的硫酸雾和颗粒物的脱除。换热器内相变凝结强度大，硫酸雾和颗粒物的生长主要发生在这个阶段。团聚或长大后的颗粒物，粒径增大导致惯性增强，在涡发生器的作用下更易被换热管束和翅片捕集脱除。最后，在惯性碰撞和拦截作用下，从换热器逃逸的硫酸雾、颗粒物以及碱液滴被除雾器捕集。

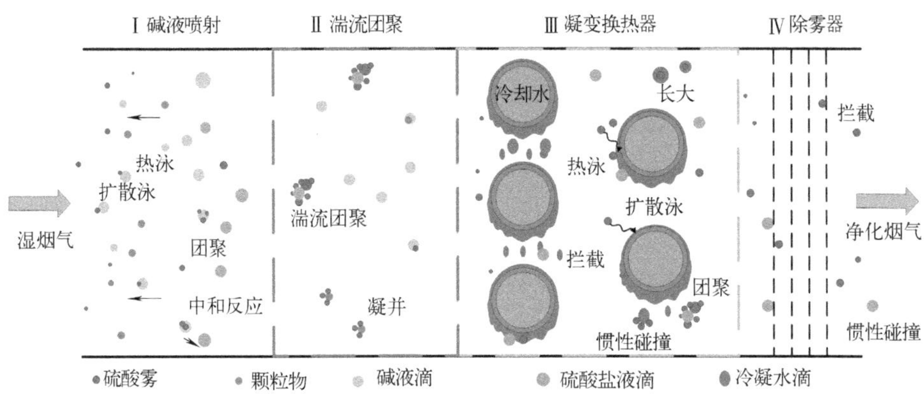

图6-6　硫酸雾和颗粒物的脱除过程和脱除机理

6.3 不同技术的脱除性能比较

6.3.1 分级脱除效率

为比较不同技术的脱除性能，本小节对硫酸雾与颗粒物共存时的粒径分布进行了测试。入口处 SO_3 与颗粒物浓度均设定为 30mg/m^3，冷却水入口温度设置为 17℃，冷却水流量设定为 450L/h。此外，碱性溶液喷淋量设定为 0.02L/m^3（液气比），Na_2CO_3 质量浓度为 0.4%，对应的钠硫物质的量比（Na_2 ∶ SO_3）为 2∶1。分别在单独冷凝（无碱喷与湍流团聚）、碱液喷射（无湍流团聚）、湍流团聚（无碱喷）及组合技术四种工况下，对除雾器出口处的粒径分布进行了测试。

图 6-7 给出了不同技术下进出口数量浓度随时间的变化情况。原始模拟烟气中总数量浓度约为 3.25×10^6 个/cm^3，在单独冷凝、碱液喷射、湍流团聚及组合技术四种工况下，除雾器出口处的数量浓度分别降至 2.5×10^6 个/cm^3、9×10^5 个/cm^3、2.19×10^6 个/cm^3 和 7.02×10^5 个/cm^3。组合技术的数量脱除效率最高可达 78.4%。实验结果表明，碱液喷淋可显著降低硫酸雾与颗粒物的数量浓度；同时，湍流团聚技术使碱液喷淋的数量脱除效率较单一碱喷工况提升了约 6.1%。

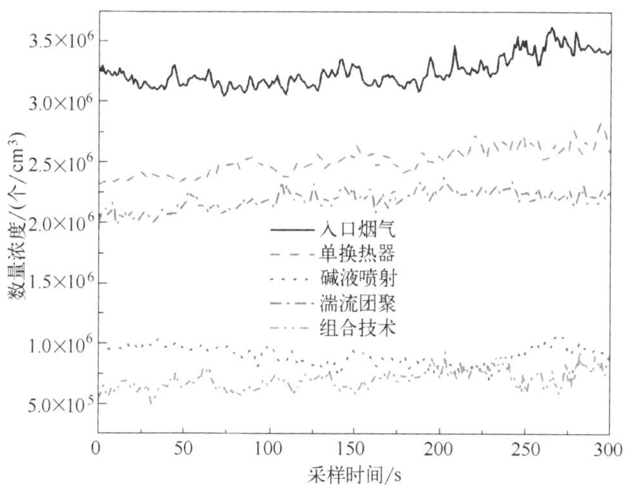

图 6-7　不同技术下进出口数量浓度随时间的变化情况

图 6-8（a）与图 6-8（b）展示了不同技术下的粒径分布与分级脱除效率的 ELPI 测试结果。如图 6-8（a）所示，原始模拟烟气中亚微米级硫酸雾与颗粒物

的数量浓度较高。这主要源于生成的硫酸雾本身数量浓度高，且亚微米粒径段的硫酸雾数量浓度远高于颗粒物的数量浓度。在碱液喷射与组合技术的作用下，各粒径段气溶胶的数量浓度均显著下降。在组合技术中，湍流团聚效应使 0.006μm 及 0.1μm 以上粒径的气溶胶数量浓度明显降低。

如图 6-8（b）所示，在单独冷凝与单一湍流团聚技术下，分级脱除效率曲线存在明显波谷，0.0212～0.848μm 粒径区间的硫酸雾与颗粒物的数量脱除效率最低。这是多种脱除机制共同作用的结果：粒径低于 0.1μm 的气溶胶主要受热泳力与扩散泳力影响，而粒径大于 1μm 的气溶胶则主要受惯性碰撞与拦截作

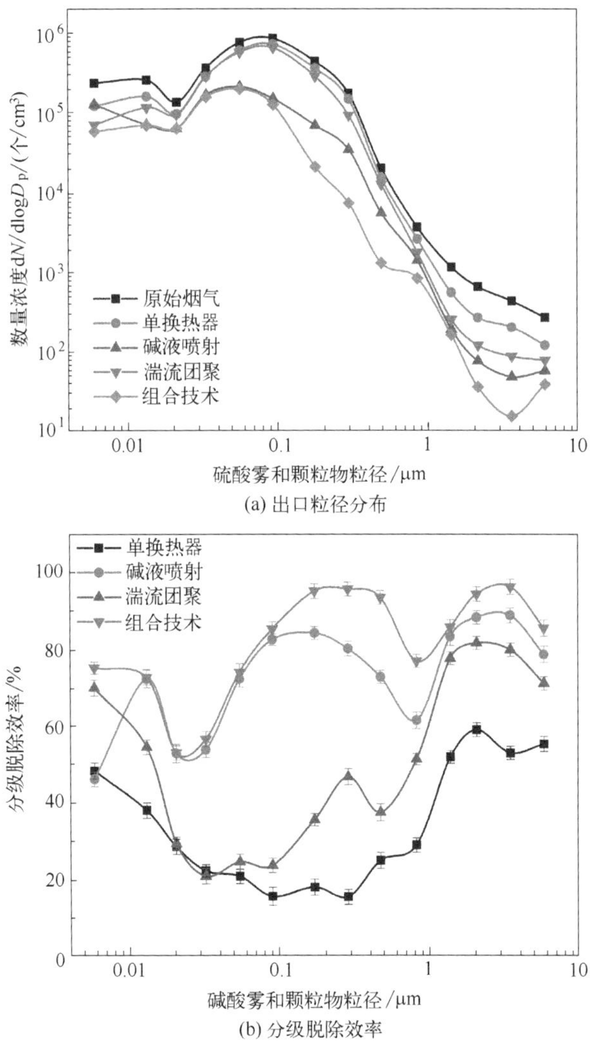

(a) 出口粒径分布

(b) 分级脱除效率

图 6-8　不同技术下的粒径分布与分级脱除效率

用支配。碱液喷射与组合技术的分级脱除效率曲线形态相似，分别在 0.0212μm 和 0.848μm 处出现两处波谷。与单一湍流团聚相比，两者在 0.0212～0.848μm 区间的平均数量脱除效率显著提升，碱液喷射达到了 70.1%，组合技术达到了 78.9%。结果表明，单一碱液喷射的数量脱除性能优于湍流团聚，而湍流团聚能进一步提升碱液喷射的脱除效果。首先，粒径小于 0.0212μm 的气溶胶在湍流聚并装置作用下增长至 0.0212μm 附近，导致该处出现分级效率曲线波谷；由于 0.0212～0.848μm 粒径段气溶胶数量浓度较高，碱性液滴的湍流团聚捕集行为主要发生于该粒径段。

6.3.2 质量脱除效率

为深入评估脱除性能，分别测试了不同技术下除雾器出口处 SO_3 与颗粒物的质量浓度，结果如图 6-9 所示。组合技术对 SO_3 的质量脱除效率达到了 61.8%，较单一碱液喷射和湍流团聚分别提升了 9 个百分点与 19.2 个百分点；颗粒物脱除效率显著高于 SO_3，可达 94.5%，较单一技术分别提高 5.4 个百分点与 8.7 个百分点。这主要源于颗粒物粒径多为微米级，而硫酸雾粒径集中于亚微米级。上述结果表明，组合技术在降低质量浓度方面同样具有优势。

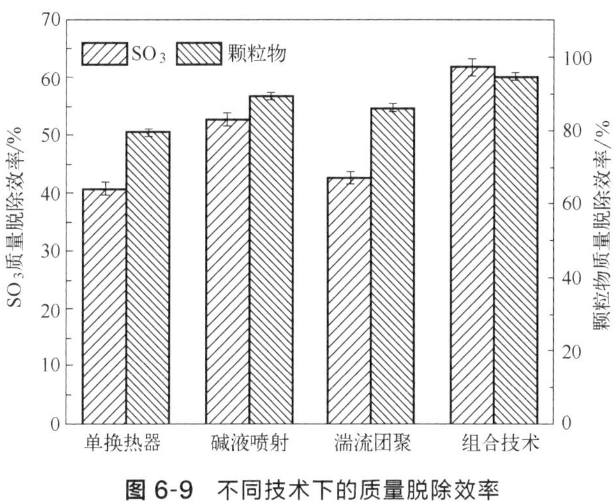

图 6-9 不同技术下的质量脱除效率

在单独冷凝工况下，烟气中硫酸雾与颗粒物的实际体积分数极低，导致碰撞聚并概率较小，最终造成质量脱除效率偏低（尤其对硫酸雾）。而在组合技术中，硫酸雾与颗粒物可相互促进彼此脱除：碱液喷射与湍流团聚显著提升了碱液滴对两者的捕集效率；同时，硫酸雾与颗粒物的凝并以及碱液滴的捕集行为均促使气溶胶粒径增大，使其更易被冷凝器或除雾器捕集，从而实现硫酸雾与颗粒物的协同脱除。

6.4 实验条件对协同脱除性能的影响

6.4.1 初始颗粒物浓度的影响

在不同颗粒物浓度条件下（$10mg/m^3$、$30mg/m^3$、$50mg/m^3$、$70mg/m^3$）开展对比实验。图 6-10 展示了初始颗粒物浓度对质量脱除效率的影响：当颗粒物浓度从 $10mg/m^3$ 升至 $70mg/m^3$ 时，SO_3 与颗粒物的质量脱除效率分别提升了 3.3%和 9.5%。这种现象可解释为：飞灰表面存在多种碱性金属氧化物，且湍流团聚能够促进颗粒物对硫酸雾的凝并吸附；在湍流团聚作用下，颗粒物与硫酸雾相互团聚导致粒径增大，最终强化了冷凝器与除雾器的捕集效果。颗粒物浓度越高，碰撞频率随之增加，故高颗粒物浓度对硫酸雾与颗粒物的协同脱除具有积极作用。但由于烟气中硫酸雾与颗粒物实际的浓度较低，两者脱除效率的提升幅度仍有限。

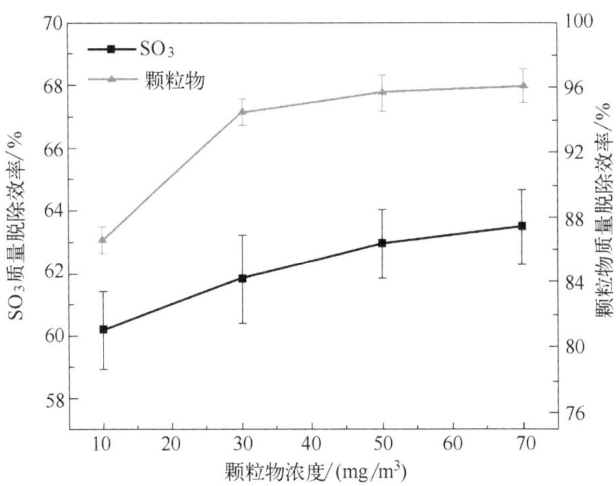

图 6-10 初始颗粒物浓度对质量脱除效率的影响

6.4.2 碱液雾化量的影响

鉴于碱液雾化量是关键运行参数，本研究考察了碱液雾化量在 0.005～0.04L/m^3 范围内变化时质量脱除效率的变化规律，结果如图 6-11 所示。SO_3

与颗粒物的质量脱除效率均随雾化量增加而显著提升：当碱液雾化量从 0.005L/m^3 增至 0.04L/m^3 时，两者脱除效率分别提高了 12.2%和 7.9%，但增速逐渐放缓。当碱液雾化量较小时，进入烟气的碱液滴数量有限，湍流团聚效果较弱，仅少量颗粒物与硫酸雾能被碱液滴捕获；随着雾化量增加，烟气中碱液滴的数量浓度上升，其与硫酸雾及颗粒物的碰撞概率增大，从而提升了气溶胶的脱除效率。然而，当雾化量持续增大时，碱液滴会因相互团聚和沉积而耗散，故实际工程中需根据运行工况调节碱液雾化量以实现最佳协同脱除性能。

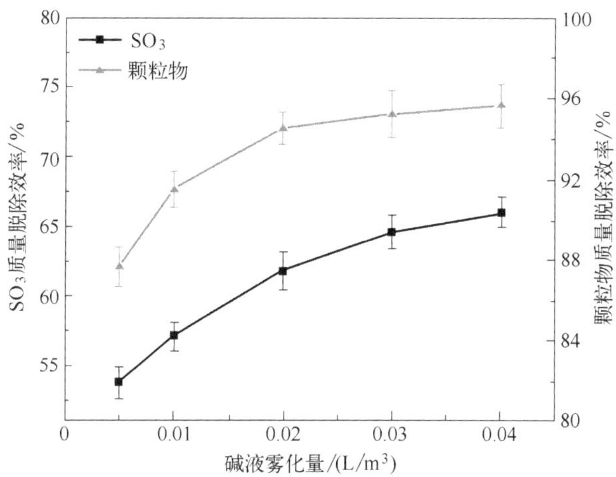

图 6-11 碱液雾化量对质量脱除效率的影响

6.4.3 烟气温降的影响

冷凝器中硫酸雾与颗粒物的脱除性能与异质冷凝强度密切相关，而冷凝强度直接受烟气温降（即喷淋烟道入口至除雾器出口的烟气温度变化值）影响。本研究通过调节冷却水入口温度控制温降，图 6-12 展示了烟气温降对质量脱除效率的影响。随着换热器内烟气温降增大，SO_3 与颗粒物的脱除效率均逐步上升：SO_3 质量脱除效率从 51.6%提升至 61.8%，颗粒物脱除效率则从 58.3%显著提高至 94.5%。烟气温降促进脱除效率的提升源于多因素协同作用：首先，冷凝器内烟气过饱和度增高，促使颗粒物与硫酸雾生长至更大粒径；其次，增强的热泳与扩散泳效应促进了硫酸雾与颗粒物的凝并及管束捕集；此外，大量冷凝液滴的生成使部分颗粒物与硫酸雾在液滴沉降过程中通过惯性碰撞和拦截被捕集。

实验结果表明，烟气温降对颗粒物脱除的影响更为显著。这是因为在相同粒径下，颗粒物所需的临界过饱和度高于硫酸雾，导致其生长更依赖烟气中水蒸气的相变强度。受接触角影响，未成核颗粒不易聚，并且在碰撞管束时易发生反弹。实验发现：当关闭湍流团聚装置与碱液喷射系统且烟气温降为 0℃时，除雾器出口颗粒物质量脱除效率仅约 6%；而随着温降增大，更多颗粒物实现成核，一方面成核颗粒生长至更大粒径，另一方面水膜覆盖使颗粒在液桥力作用下更易被管壁捕集。烟气温降对烟气余热与水资源的回收同样具有重要影响。此外，冷凝器可截留回收大部分碱液滴，回收的冷凝水与碱液可作为脱硫塔补水。因此，该组合技术亦具备显著的经济优势。

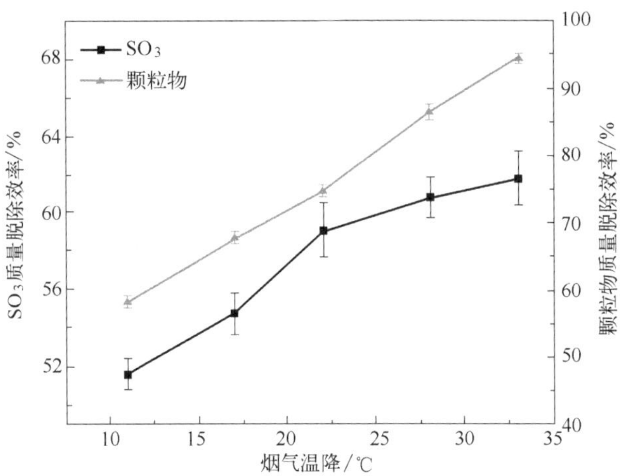

图 6-12　烟气温降对质量脱除效率的影响

6.5　本章小结

本章提出了一种用于强化烟气冷凝相变过程中硫酸雾与颗粒物协同脱除的新型组合技术。通过数值模拟与计算分析，揭示了碱液喷射与湍流团聚协同作用的强化脱除机理，并开展实验研究，对比了组合技术与单一技术的脱除性能，同时考察了关键变量对 SO_3 与颗粒物协同脱除效果的影响，主要结论如下。

① 在相同初始粒径下，硫酸雾可增长至比干燥及完全润湿的颗粒更大的粒径。对湍流团聚装置内不同粒径硫酸雾、颗粒物及碱液滴运动轨迹的模拟结果表明：产生的涡流能有效延长其停留时间与运动路径，从而促进聚并效应，最终强化碱液滴对硫酸雾与颗粒物的捕集效果。

② 湍流团聚能够提升碱液喷射的脱除性能。组合技术较单一碱液喷射或湍流团聚具有更优的脱除效果，在典型工况下其数量脱除效率最高达 78.4%，SO_3 与颗粒物的质量脱除效率分别可达 61.8%和 94.5%。

③ 硫酸雾与颗粒物的质量脱除效率均随初始颗粒物浓度、碱液雾化量和烟气温降的增大而提高。颗粒物脱除效率显著高于 SO_3，其中烟气温降对颗粒物脱除效率的影响最为显著。

参考文献

[1] EPRI. Modeling of SO_3 formation process in coal-fired boilers [R]. No. 1012689, Palo Alto, CA, 2007.

[2] Hindiyarti L, Glarborg P, Marshall P. Reactions of SO_3 with the O/H radical pool under combustion conditions [J]. Journal of Physical Chemistry A, 2007, 111 (19): 3984-3991.

[3] Burdett N. The mechanism of the sulphation of limestone during fluidised bed desulphurization [M]. Fluidised combustion: systems and applications. London: Institute of Energy, 1980.

[4] Eddinfs E, Ahn J, Okerlund R, et al. SO_3 emissions in pilot-scale oxy-fired pulverized-coal and circulating-fluid-bed test facilities [C]. presentation at The 2nd International Oxyfuel Combustion Conference, Yeppoon, Australia, 2011.

[5] Tan Y, Croiset E, Douglas M A, et al. Combustion characteristics of coal in a mixture of oxygen and recycled flue gas [J]. Fuel, 2006, 85 (4): 507-512.

[6] Stanger R, Wall T. Sulphur impacts during pulverised coal combustion in oxy-fuel technology for carbon capture and storage [J]. Progress in Energy Combustion Science, 2011, 37 (1): 69-88.

[7] Sporl R, Walker J, Belo L, et al. SO_3 emissions and removal by ash in coal-fired oxy-fuel combustion [J]. Energy Fuels, 2014, 28 (8): 5296-5306.

[8] Zheng L G, Furimsky E. Assessment of coal combustion in O_2+CO_2 by equilibrium calculations [J]. Fuel Process Technology, 2003, 81 (1): 23-34.

[9] Fleig D, Andersson K, Normann F, et al. SO_3 formation under oxyfuel combustion conditions [J]. Industrial & Engineering Chemistry Research, 2011, 50 (14): 8505-8514.

[10] Fleig D, Alzueta M U, Normann F, et al. Measurement and modeling of sulfur trioxide formation in a flow reactor under post-flame conditions [J]. Combustion and Flame, 2013, 160 (6): 1142-1151.

[11] Glarborg P, Bentzen L L. Chemical effects of a high CO_2 concentration in oxy-fuel com-

bustion of methane [J]. Energy Fuels, 2007, 22 (1): 291-296.

[12] Jorgensen T L, Livbjerg H, Glarborg P. Homogeneous and heterogeneously catalyzed oxidation of SO_2 [J]. Chemical Engineering Science, 2007, 62 (16): 4496-4499.

[13] Belo l P, Elliott L K, Stanger R J, et al. High-temperature conversion of SO_2 to SO_3: homogeneous experiments and catalytic effect of fly ash from air and oxy-fuel firing [J]. Energy & Fuels, 2014, 28 (11): 7243-7251.

[14] Galloway B D, Sasmaz E, Padak B. Binding of SO_3 to fly ash components: CaO, MgO, Na_2O and K_2O [J]. Fuel, 2015, 145: 79-83.

[15] Srivastava R K, Miller C A, Erickson C, et al. Emissions of sulfur trioxide from coal-fired power plants [J]. Journal of the Air & Waste Management Association, 2004, 54 (6): 750-762.

[16] Gutberlet H, Hartenstein H, Licata A. SO_2 conversion rate of deNOx catalysts-effects on downstream plant components and remedial measures [C]. The Power Gen 1999, New Orleans, USA, 1999: 212-214.

[17] 高岩，栾涛，程凯，等. 选择性催化还原蜂窝状催化剂工业试验研究 [J]. 中国电机工程学报，2011，31 (35)：21-28.

[18] Guo X, Bartholomew C, Hecker W, et al. Effects of sulfate species on V_2O_5/TiO_2 SCR catalysts in coal and biomass-fired systems [J]. Applied Catalysis B: Environmental, 2009, 92 (1): 30-40.

[19] Cao Y, Zhou H, Jiang W, et al. Studies of the fate of sulfur trioxide in coal-fired utility boilers based on modified selected condensation methods [J]. Environmental Science Technology, 2010, 44 (9): 3429-3434.

[20] Kammata H, Ohara H, Takahashi K, et al. SO_2 oxidation over the V_2O_5/TiO_2 SCR catalyst [J]. Catalysis Letters, 2001, 73 (1): 79-83.

[21] Breen Energy Solutions. Comprehensive acid gas management [R]. Carnegie, PA, United States, 2012.

[22] EPA. Chapter 2 - Selective catalytic reduction [R]. Washington, DC, 2016.

[23] Perujo M. Condensation of water vapor and acid mixtures from exhaust gases [D]. Berlin: Technische University, 2005.

[24] Hardman R, Stacy R, Dismukes E. Estimating sulfuric acid aerosol emissions from coal-fired power plants [C]. DOE-FETC conference on formation, distribution, impact, and fate of sulfur trioxide in utility flue gas streams, Pittsburgh, PA, 1998.

[25] Shi Y, Shu H, Zhang Y, et al. Formation and decomposition of NH_4HSO_4 during selective catalytic reduction of NO with NH_3 over V_2O_5-WO_3/TiO_2 catalysts [J]. Fuel Process Technology, 2016, 150: 141-147.

[26] Bahadori A. Estimation of combustion flue gas acid dew point during heat recovery and

efficiency gain [J]. Applied Thermal Engineering, 2011, 31 (8): 1457-1462.

[27] Güsewell M, Weise C. Modeling of three-phase systems in flue gas [J]. Chemical Engineering & Technology, 2000, 23 (6): 489-93.

[28] 陶雷行，翁杰，李晓峰，等. 燃煤烟气超低排放全流程协同削减三氧化硫效果分析 [J]. 中国电力，2018，51 (3)：177-184.

[29] Marier P, Dibbs H P. The Catalytic Conversion of SO_2 to SO_3 by Fly Ash and the Capture of SO_2 and SO_3 by CaO and MgO [J]. Thermochimica Acta, 1974, 8 (1-2): 155-165.

[30] 纪培栋. SCR 催化剂 SO_2 氧化机理及调控机制研究 [D]. 杭州：浙江大学，2016.

[31] Gooch J P, Dismukes E B. Formation of sulfate aerosol in an 802 scrubbing system [C]. Formation, Distribution, Impact, and Fate of Sulfur Trioxide in Utility Flue Gas Streams Conference. Pittsburgh, PA, USA, 1998.

[32] Ehrig R, Ofenloch O, Schaber K, et al. Modelling and simulation of aerosol formation by heterogeneous nucleation in gas-liquid contact devices [J]. Chemical Engineering Science, 2002, 57 (7): 1151-1163.

[33] Wix A, Brachert L, Sinanis S, et al. A simulation tool for aerosol formation during sulphuric acid absorption in a gas cleaning process [J]. Journal of Aerosol Science, 2010, 41 (12): 1066-1079.

[34] Brachert L, Kochenburger T, Schaber K. Facing the Sulfuric Acid Aerosol Problem in Flue Gas Cleaning: Pilot Plant Experiments and Simulation [J]. Aerosol Science and Technology, 2013, 47 (10): 1083-1091.

[35] Sinanis S, Wix A, Schaber K. Formation of Hydrobromic and Hydrochloric Acid Aerosols in Wet Flue Gas Cleaning Processes [J]. Chemical Engineering Communications, 2013, 200 (6): 748-763.

[36] 李锋，於承志，张朋，等. 低 SO_2 氧化率脱硝催化剂的开发 [J]. 电力科技与环保，2010，26 (4)：18-21.

[37] Mitsui Y, Imada N, Kikkawa H, et al. Study of Hg and SO_3, behavior in flue gas of oxy-fuel combustion system [J]. International Journal of Greenhouse Gas Control, 2011, 5 (12): S143-S150.

[38] 朱崇兵，金保升，李锋，等. SO_2 氧化对 SCR 法烟气脱硝的影响 [J]. 锅炉技术，2008，39 (3)：68-72.

[39] 束航. SCR 烟气脱硝过程中硫酸（氢）铵细颗粒生成及分解特性研究 [D]. 南京：东南大学，2015.

[40] 姜烨，高翔，吴卫红，等. 选择性催化还原脱硝催化剂失活研究综述 [J]. 中国电机工程学报，2013，33 (14)：18-31.

[41] Zetlmeisl M J, Mccarthy K J, Laurence D F. Investigation of some factors affecting

nonflame-generation and suppression of SO_3 [J]. Industrial & Engineering Chemistry Product Research and Development, 1983, 22 (4): 710-716.

[42] Huijbregts W M M, Leferink R G I. Latest advances in the understanding of acid dew-point corrosion: corrosion and stress corrosion cracking in combustion gas condensates [J]. Anti-Corrosion Methods and Materials, 2004, 51 (3): 173-188.

[43] Gray S, Harpenau M, Copsey P. Ultra-high SO_3 removal: SBS injection as an alternative to WESP [R]. Maryland: URS Corporation, 2008.

[44] Huang R, Zhang Y, Bozzetti C, et al. High secondary aerosol contribution to particulate pollution during haze events in China [J]. Nature, 2014, 514 (7521): 218-222.

[45] Zheng C, Wang Y, Liu Y, et al. Formation, transformation, measurement, and control of SO_3 in coal-fired power plants [J]. Fuel, 2019, 241: 327-346.

[46] 中国国家标准化管理委员会. 大气污染物综合排放标准: DB 31/933—2015 [S]. 北京: 中国标准出版社, 2015.

[47] 上海市发展和改革委员会, 上海市环保局. 上海市燃煤电厂石膏雨和有色烟羽测试技术要求 (试行) [S]. 上海, 2017.

[48] 中国国家标准化管理委员会. 燃煤电厂大气污染物排放标准: DB 33/2147—2018 [S]. 北京: 中国标准出版社, 2015.

[49] Cordtz R, Schramm J, Rabe R. Investigating SO_3 formation from the combustion of heavy fuel oil in a four-stroke medium-speed test engine [J]. Energy & Fuels, 2013, 27 (10): 6279-6286.

[50] Schofield K. The kinetic nature of sulfur's chemistry in flames [J]. Combustion and Flame, 2001, 124 (1-2): 137-155.

[51] Dunn J P, Stenger H G, Wachs I E. Oxidation of sulfur dioxide over supported vanadia catalysts: molecular structure-reactivity relationships and reaction kinetics [J]. Catalysis Today, 1999, 51 (2): 301-318.

[52] 王伟, 翟佳, 陈辉, 等. 蜂窝式脱硝催化剂选型方案设计及影响因素分析 [J]. 能源化工, 2018, 39 (5): 9-14.

[53] 唐昊, 李文艳, 王琦, 等. 商用选择性催化还原催化剂 SO_2 氧化率控制研究进展 [J]. 化工进展, 2017, 36 (6): 2143-2149.

[54] Ji P D, Gao X, Du X S, et al. Relationship between the molecular structure of V_2O_5/TiO_2 catalysts and the reactivity of SO_2 oxidation [J]. Catalysis Science & Technology, 2016, 6 (4): 1187-1194.

[55] Schwä Mmle T, Bertsche F, Hartung A, et al. Influence of geometrical parameters of honeycomb commercial SCR-DeNO$_x$-catalysts on DeNOx-activity, mercury oxidation and SO_2/SO_3-conversion [J]. Chemical Engineering Journal, 2013, 222: 274-281.

[56] Kwon D W, Park K H, Hong S C. Enhancement of SCR activity and SO_2 resistance on

VO_x/TiO_2 catalyst by addition of molybdenum [J]. Chemical Engineering Journal, 2016, 284: 315-324.

[57] Busca G, Lietti L, Ramis G, et al. Chemical and mechanistic aspects of the selective catalytic reduction of NO_x by ammonia over oxide catalysts: a review [J]. Applied Catalysis B: Enviromental, 1998, 18 (1-2): 1-36.

[58] Kobayashi M, Kuma R, Morita A. Low temperature selective catalytic reduction of NO by NH_3 over V_2O_5 supported on TiO_2-SiO_2-MoO_3 [J]. Catalysis Letters, 2006, 112 (1-2): 37-44.

[59] Lu J, Zhou Z, Zhang H, et al. Influenced factors study and evaluation for SO_2/SO_3 conversion rate in SCR process [J]. Fuel, 2019, 245: 528-533.

[60] 史伟伟. SCR 脱硝催化剂再生浸渍及其 SO_2 氧化控制 [D]. 广州：华南理工大学, 2013.

[61] Li Z, Jiang J, Ma Z, et al. Effect of selective catalytic reduction (SCR) on fine particle emission from two coal-fired power plants in China [J]. Atmospheric Environment, 2015, 120: 227-233.

[62] Yu Y, He C, Chen J, et al. Deactivation mechanism of de-NO_x catalyst (V_2O_5-WO_3/TiO_2) used in coal fired power plant [J]. Journal of Fuel Chemistry and Technology, 2012, 40 (11): 1359-1365.

[63] 李高磊, 郭沂权, 张世博, 等. 超低排放燃煤电厂 SO_3 生成及控制的试验研究 [J]. 中国电机工程学报, 2019, 39 (4): 1079-1085.

[64] Li Y, Zhu Q, Yi Q, et al. Experimental method for observing the fate of SO_3/H_2SO_4 in a temperature-decreasing flue gas flow: creation of state diagram [J]. Fuel, 2019, 249: 449-456.

[65] Cao Y, Zhou H, Jiang W, et al. Studies of the fate of sulfur trioxide in coal-fired utility boilers based on modified selected condensation methods [J]. Environmental Science & Technology, 2010, 44 (9): 3429-3434.

[66] Peter M W, Joseph D M, Kenneth M Cushing. Evaluation and mitigation of visible acidic aerosol plumes from coal fired power boilers [R]. Washington: EPA, 2006.

[67] 赵海宝, 郦建国, 何毓忠, 等. 低低温电除尘关键技术研究与应用 [J]. 中国电力, 2014, 47 (10): 117-121, 147.

[68] Qi L, Yuan Y. Influence of SO_3 in flue gas on electrostatic precipitability of high-alumina coal fly ash from a power plant in China [J]. Powder Technology, 2013, 245: 163-167.

[69] John M. Successful mitigation of SO_3 by employing dry sorbent injection of trona upstream of the ESP [R]. Houston: Solvay Chemicals, 2005.

[70] IHI 低低温 EP 系统的介绍 [R]. 株式会社 IHI, 2010, 6: 1-16.

[71] 郦建国，郦祝海，何毓忠，等. 低低温电除尘技术的研究及应用［J］. 中国环保产业，2014（3）：28-34.

[72] 张绪辉. 低低温电除尘器对细颗粒物及三氧化硫的协同脱除研究［D］. 北京：清华大学，2015.

[73] 胡斌，刘勇，任飞，等. 低低温电除尘协同脱除细颗粒与 SO_3 实验研究［J］. 中国电机工程学报，2016，36（16）：4319-4325.

[74] Sun K，Yan Y，Jiang J H，et al. SO_3 removal efficiency and ash particle flowability of low-low-temperature flue gas systems（LLTSs）［J］. Applied Thermal Engineering，2020，171：115132.

[75] Lee J Y，Ju Y，Keener T C，et al. Development of cost-effective noncarbon sorbents for Hg（0）removal from coal-fired power plants［J］. Environmental Science & Technology，2006，40（8）：2714-2720.

[76] 陈奎续. 电袋复合除尘器协同脱除 Hg 及 SO_3［J］. 环境工程学报，2017，11（11）：5937-5942.

[77] Wang Z，Huan Q，Qi C，et al. Study on the removal of coal smoke SO_3 with CaO［J］. Energy Procedia，2012，14：1911-1917.

[78] Spörl R，Maier J，Scheffknecht G. Sulphur oxide emissions from dust-fired oxy-fuel combustion of coal［J］. Energy Procedia，2013，37：1435-1447.

[79] Tonn D P，Moretti A L，Snyder R E，et al. An emissions approach to SO_3 mitigation［R］. Baltimore：Babcock & Wilcox Power Generation Group，2008.

[80] Moretti A L，Triscori R J，Ritzenthaler D P. A System Approach to SO_3 Mitigation［R］. Baltimore：The Babcock & Wilcox Company，2006.

[81] EPRI. Sulfuric acid studies：removal by fgd and impact on plume buoyancy［R］. 2005.

[82] Zheng C，Hong Y，Xu Z，et al. Experimental Study on Removal Characteristics of SO_3 by Wet Flue Gas Desulfurization Absorber［J］. Energy & Fuels，2018，32（5）：6031-6038.

[83] Pan D，Zhang D，Zhang W. Investigation on Removal Characteristics of SO_3 Acid Mist during Limestone-Gypsum Desulfurization Process［J］. Energy & Fuels，2018，32（12）：12949-54.

[84] 潘丹萍，吴昊，鲍静静，等. 电厂湿法脱硫系统对烟气中细颗粒物及 SO_3 酸雾脱除作用研究［J］. 中国电机工程学报，2016，36（16）：4356-4362.

[85] 潘丹萍，吴昊，黄荣廷，等. 石灰石-石膏法烟气脱硫过程中 SO_3 酸雾脱除特性［J］. 东南大学学报（自然科学版），2016，46（2）：311-316.

[86] Yang Z，Zheng C，Chang Q，et al. Fine particle migration and collection in a wet electrostatic precipitator［J］. Journal of the Air & Waste Management Association，2017，67（4）：498-506.

[87] Chang J, Dong Y, Wang Z, et al. Removal of sulfuric acid aerosol in a wet electrostatic precipitator with single terylene or polypropylene collection electrodes [J]. Journal of Aerosol Science, 2011, 42 (8): 544-554.

[88] Huang J, Wang H, Shi Y, et al. Performance of a pilot-scale wet electrostatic precipitator for the control of sulfuric acid mist [J]. Environmental Science and Pollution Research, 2016, 23 (19): 19219-19228.

[89] 雒飞，胡斌，吴昊，等. 湿式电除尘对 $PM_{2.5}$/SO_3 酸雾脱除特性的试验研究 [J]. 东南大学学报（自然科学版），2017，47 (1): 91-97.

[90] Jeong S H, Shim S H, Song D K, et al. Performance of a pilot-scale wet electrostatic precipitator for the control of sulfuric acid mist and fine particulates [J]. Polish Journal of Environmental Studies, 2013, 22 (2): 409-415.

[91] Fujishima H, Nagata C, Suzuki S. Removal of high concentration SO_3 mist by Wet Electrostatic Precipitator system [J]. Earozoru Kenkyu, 2015, 30: 93-99.

[92] 张传波. 湿式静电除尘技术的发展及应用 [J]. 中国环保产业，2016，216 (6): 55-58.

[93] 田贺忠. 利用湿式静电除尘器（ESP）脱除汞 [J]. 国际电力，2005，9 (6): 62-64.

[94] Ueda Y, Nagayasu H, Hamaguchi R, et al. SO_3 removal system for flue gas in plants firing high-sulfur residual fuels [J]. Mitsubishi Heavy Industries Technical Review, 2012, 49 (4): 6-12.

[95] Yang Z D, Zheng C H, Zhang X F, et al. Highly efficient removal of sulfuric acid aerosol by a combined wet electrostatic precipitator [J]. RSC Advances, 2018, 8 (1): 59-66.

[96] Huang J, Zhang F, Shi Y, et al. Investigation of a pilot-scale wet electrostatic precipitator for the control of sulfuric acid mist from a simulated WFGD system [J]. Journal of Aerosol Science, 2016, 100: 38-52.

[97] Yang Z, Zheng C, Zhang X, et al. Challenge of SO_3 removal by wet electrostatic precipitator under simulated flue gas with high SO_3 concentration [J]. Fuel, 2018, 217: 597-604.

[98] Zheng C H, Li X, Yang Z D, et al. Development and experimental evaluation of a continuous monitor for SO_3 measurement [J]. Energy & Fuels, 2017, 31 (9): 9684-9692.

[99] 张雪峰，杨正大，李响，等. SO_3 对高湿静电场中电晕放电的影响机制研究 [J]. 中国环境科学，2017，37 (9): 3268-3275.

[100] Yang Z D, Zheng C H, Zhang X F, et al. Sulfuric acid aerosol formation and collection by corona discharge in a wet electrostatic precipitator [J]. Energy & Fuels, 2017, 31 (8): 8400-8406.

[101] Blythe G M. Furnace injection of alkaline sorbents for sulfuric acid removal [R]. Office of Scientific & Technical Information Technical Reports，2004.

[102] Chen J，Yao H，Zhang L. A study on the calcination and sulphation behaviour of limestone during oxy-fuel combustion [J]. Fuel，2012 (102)：386-395.

[103] Maziuk J，Chemicals S. Dry sorbent injection of trona for SO_x mitigation [C]. 67th conference on glass problems：ceramic engineering and science proceedings，John Wiley & Sons，2001，28 (1)：85-99.

[104] Chen P，Wang Z，Chang J，et al. Experimental study of the reactivity of Ca-based matters with SO_3 [C]. Power and energy engineering conference (APPEEC). Asia-Pacific，2011，1-4.

[105] 娄彤，方晓东，陆明智，等. 燃煤烟气多污染物协同治理试验研究 [J]. 洁净煤技术，2018，24 (5)：966-971.

[106] Mcmullen D P. Rates of reaction of sulfur trioxide and sulfuric acid with calcium oxide particles Master Dissertation Bethlehem [D]. PA：Lehigh University，2010.

[107] Gray S M，Jarvis J B，Kosler S W. Combined mercury and SO_3 removal using SBS injection [J]. Power，2014，158 (7)：22-26.

[108] 刘勇. 碱基吸收剂喷射脱除燃煤烟气中 SO_3 的实验研究 [D]. 杭州：浙江大学，2018.

[109] Liu J，Zhu F，Ma X. Industrial Application of a Deep Purification Technology for Flue Gas Involving Phase-Transition Agglomeration and Dehumidification [J]. Engineering，2018，4 (3)：416-420.

[110] 王东歌，朱法华，惠润堂. 相变凝聚器对 WESP 提效研究及工程应用 [J]. 中国电机工程学报，2016，36 (16)：4349-4355.

[111] Cui L，Song X，Li Y，et al. Synergistic capture of fine particles in wet flue gas through cooling and condensation [J]. Applied Energy，2018，225：656-667.

[112] Messerer A，Niessner R，Poschl U，et al. Miniature pipe bundle heat exchanger for thermohporetic deposition of ultrafine soot aerosol particles at high flow velocities [J]. Aerosol Science and Technology，2004，38：456-466.

[113] Messerer A，Schmatloch V，Poschl U，et al. Combined particle emission reduction and heat recovery from combustion exhaust-A novel approach for small wood-fired appliances [J]. Biomass Bioenergy，2007，31：512-521.

[114] Grohn A，Suonmaa V，Auvinen A，et al. Reduction of fine particle emissions from wood combustion with optimized condensing heat exchangers [J]. Environmental Science & Technology，2009，43：6269-6274.

[115] Grigonyte J，Nuutinen I，Koponen T，et al. Evaluation of a heat exchanger designed for efficiency fine particle precipitation in small-scale wood combustion [J]. Energy &

Fuels，2014，28：6058-6065.

［116］ 许芸，谭厚章，申智勇，等. 凝变湿电复合烟气污染物协同控制技术与应用［J］. 工业安全与环保，2017，43（8）：69-72.

［117］ 谭厚章，熊英莹，王毅斌，等. 湿式相变凝聚器协同多污染物脱除研究［J］. 中国电力，2017，50（2）：128-134.

［118］ 熊英莹，谭厚章. 湿式相变冷凝除尘技术对微细颗粒物的脱除研究［J］. 洁净煤技术，2015，21（2）：20-4.

［119］ Yang F，Li Z，Liu H，et al. Emission characteristics of condensable particulate matter and sulfur trioxide from coal-fired power plants［J］. Journal of the Energy Institute，2021，94：146-156.

［120］ Tan H，Wang Y，Cao R，et al. Development of wet phase transition agglomerator for multi-pollutant synergistic removal［J］. Applied Thermal Engineering，2018，130：1208-1214.

［121］ Cao R，Ruan R，Tan H，et al. Condensational growth activated by cooling method for multi-objective treatment of desulfurized flue gas：A full-scale study［J］. Chemical Engineering Journal，2021，410（7521）：128296.

［122］ Li Z，Mi D，Zhang H，et al. Experimental study on synergistic capture of fine particles and waste heat from flue gas using membrane condenser［J］. Energy，2021，217：217392.

［123］ Feng Y，Li Y，Cui L，et al. Cold condensing scrubbing method for fine particle reduction from saturated flue gas［J］. Energy，2019，171：1193-1205.

［124］ 郑志坚，张志宾，熊国宣，等. 水蒸气冷凝胁迫细颗粒运动脱除研究［J］. 东华理工大学学报（自然科学版），2021，44（4）：388-394.

［125］ Zheng Z，Chen Z，Zhang Z，et al. Simultaneous PM2. 5 and moisture removal from wet flue gas by a gas-liquid cross flow array［J］. Process Safety and Environmental Protection，2021，148：382-391.

［126］ Zheng Z，Chen Z，Xiong G，et al. Trajectory of fine particles removal with diffusiophoresis and thermophoresis in a gas-liquid cross-flow array［J］. RSC Advances，2019，9（46）：26748-26756.

［127］ 吴昊. 应用水汽相变促进燃煤烟气中细颗粒物及 SO_3 酸雾脱除的研究［D］. 南京：东南大学，2017.

［128］ Wu H，Pan D，Hong G，et al. Removal of sulfuric acid aerosols in desulfurized flue gas by adding moist air［J］. Journal of Chemical Technology and Biotechnology，2017，92（5）：1026-1034.

［129］ Wu H，Pan D，Bao J，et al. Improving the removal efficiency of sulfuric acid droplets from flue gas using heterogeneous vapor condensation in a limestone-gypsum desulfurization process [J]. Journal of Chemical Technology and Biotechnology, 2017, 92 (1): 230-237.

[130] Wu H, Pan D, Zhang R, et al. Reducing fine particle emissions by heterogeneous vapor condensation after wet desulfurization process [J]. Journal of Chemical Technology and Biotechnology, 2017, 92 (9): 2342-2350.

[131] Li K, Wang E, Wang Q, et al. CFD simulation of fine particle removal in flue gas condensing heat exchanger [J]. Applied Thermal Engineering, 2020, 174: 115290.

[132] Li K, Wang E, Wang Q, et al. Improving the removal of inhalable particles by combining flue gas condensation and acoustic agglomeration [J]. Journal of Cleaner Production, 2020, 261.

[133] Liu J, Chen D, Lu J. Experiment on fine particle purification by flue gas condensation for industrial boilers [J]. Fuel, 2017, 199: 684-696.

[134] 王翱. 单液滴捕集细颗粒物的行为与机制研究 [D]. 北京：清华大学，2016.

[135] 王翱，宋蕾，姚强. 脱硫塔内单液滴捕集颗粒物的数值模拟 [J]. 工程热物理学报，2014，35 (9)：1889-1893.

[136] Paul S S, Ormiston S J, Tachie M F. Experimental and numerical investigation of turbulent cross-flow in a staggered tube bundle [J]. International Journal of Heat and Fluid Flow, 2008, 29 (2): 387-414.

[137] Ahmed H E, Yusoff M Z, Hawlader M N A, et al. Turbulent heat transfer and nanofluid flow in a triangular duct with vortex generators [J]. Internation Journal of Heat and Mass Transfer, 2017, 105: 495-504.

[138] TEMA. Standards of Tubular Exchanger Manufacturers Association: Fifth [S]. Tarrytown, New York, 1968.

[139] TEMA. Standards of Tubular Exchanger Manufactures Association: Eighth [S]. Tarrytown, New York, 1998.

[140] 胡万玲. 圆管管翅式换热器肋侧二次流强度及其强化传热特性研究 [D]. 兰州：兰州交通大学，2014.

[141] Wu F, Zhang J, Ma X, et al. Numerical simulation of gas-solid flow in a novel spouted bed: Influence of row number of longitudinal vortex generators [J]. Advanced Powder Technology, 2018, 29: 1848-1858.

[142] Chamoli S, Lu R, Xu D, et al. Thermal performance improvement of a solar air heater fitted with winglet vortex generators [J]. Solar Energy, 2018, 159: 966-983.

[143] Liang G, Islam M D, Kharoua N, et al. Numerical study of heat transfer and flow behavior in a circular tube fitted with varying arrays of winglet vortex generators [J]. International Journal of Thermal Science, 2018, 134: 54-65.

[144] Promvonge P, Chompookham T, Kwankaomeng S, et al. Enhanced heat transfer in a tri-

angular ribbed channel with longitudinal vortex generators [J]. Energy Conversion & Management, 2010, 51: 1242-1249.

[145] Samadifar M, Toghraie D. Numerical simulation of heat transfer enhancement in a plate-fin heat exchanger using a new type of vortex generators [J]. Applied Thermal Engineering, 2018, 133: 671-681.

[146] Jacobi A M, Shah R K. Heat transfer surface enhancement through the use of longitudinal vortices: a review of recent progress [J]. Experimental Thermal and Fluid Science, 1995, 11: 295-309.

[147] 何雅玲. 纵向涡发生器在管翅式换热器中的应用及优化 [J]. 化工学报, 2012, 63 (3): 746-760.

[148] Torii K, Kwak K M, Nishino K. Heat transfer enhancement accompanying pressureloss reduction with winglet-type vortex generators for fin-tube heat exchangers [J]. International Journal of Thermal Science, 2002, 45: 3795-801.

[149] Lin Z, Liu C, Lin M, et al. Numerical study of flow and heat transfer enhancement of circular tube bank fin heat exchanger with curved delta-winglet vortex generators [J]. Applied Thermal Engineering, 2015, 88: 198-210.

[150] Chu P, He Y, Tao W. Three-Dimensional Numerical Study of Flow and Heat Transfer Enhancement Using Vortex Generators in Fin-and-Tube Heat Exchangers [J]. Journal of Heat Transfer: Transactions of the ASME, 2009, 131 (9): 258-262.

[151] Wang W, Bao Y, Wang Y. Numerical investigation of a finned-tube heat exchanger with novel longitudinal vortex generators [J]. Applied Thermal Engineering, 2015, 86: 27-34.

[152] Hasan B O, Nathan G J, Ashman P J, et al, The use of turbulence generators to mitigate crystallization fouling under cross flow conditions [J]. Desalination, 2012, 288: 108-117.

[153] Han Z, Xu Z, Wang J. $CaSO_4$ fouling characteristics on the rectangular channel with half-cylinder vortex generators [J]. Applied Thermal Engineering, 2018, 128: 1456-1463.

[154] Zhang D, Zhang S, Lu Y. Study on properties of heat transfer and scaling for induced flow vibration in tube [J]. Chemical Industrial Engineering and Progress, 2005, 24 (7): 773-776.

[155] Robert K, Johann T, Nikolai K. Numerical modeling and simulation of particulate fouling of structured heat transfer surfaces using a multiphase Euler-Lagrange approach [J]. Internation Journal of Heat and Mass Transfer, 2017, 115: 932-945.

[156] Xu Z, Han Z, Wang J, et al. Numerical simulation of $CaSO_4$ crystallization fouling in a rectangular channel with vortex generators [J]. International Communications in

Heat and Mass Transfer，2019，101（FEB.）：42-50.

[157] Han Z，Xu Z，Qu H. Parametric study of the particulate fouling characteristics of vortex generators in a heat exchanger [J]. Applied Thermal Engineering，2020，167.

[158] Han Z，Fan H，Wang C，et al. $CaCO_3$ local fouling characteristics on the rectangular channel with finned vortex generators [J]. International Communications in Heat and Mass Transfer，2021，129.

[159] 刘志刚，刘咸定，赵冠春. 工质热物理性质计算程序编制及应用 [M]. 北京：新世界出版社，1992.

[160] Fletcher N H. The Physics of Rainclouds [M]. London：Cambridge University Press，1962.

[161] 丁国良. 制冷空调新工质：热物理性质的计算方法与实用图表 [M]. 上海：上海交通大学出版社，2003.

[162] Heidenreich S，Vogt U，Büttner H，et al. A novel process to separate submicron particles from gases — a cascade of packed columns [J]. Chemical Engineering Science，2000，55（15）：2895-2905.

[163] Heidenreich S，Ebert F. Condensational droplet growth as a preconditioning technique for the separation of submicron particles from gases [J]. Chemical Engineering and Processing：Process Intensification，1995，34（3）：235-244.

[164] Warren D R，Seinfeld J H. Nucleation and Growth of Aerosol From a Continuously Reinforced Vapor [J]. Aerosol Science Technology，1984，3（2）：135-153.

[165] 连之伟，陈宝明. 热质交换原理与设备 [M]. 北京：中国建筑工业出版社，2018.

[166] Massman W J. A review of the molecular diffusivities of H_2O，CO_2，CH_4，CO，O_3，SO_2，NH_3，N_2O，NO，and NO_2 in air and N_2 near STP [J]. Atmospheric Environment，1998，32（6）：1111-1127.

[167] 钱绍圣. 测量不确定度：实验数据的处理与表示 [M]. 北京：清华大学出版社，2002.

[168] Moffat R J. Describing the uncertainties in experimental results [J]. Experimental Thermal and Fluid Science，1988，1（1）：3-17.

[169] Vehkamäki H，Kulmala M，Lehtinen K E J，et al. Modelling Binary Homogeneous Nucleation of Water-Sulfuric Acid Vapours：Parameterisation for High Temperature Emissions [J]. Environmental Science & Technology，2003，37（15）：3392-3398.

[170] Huang H，Zheng C，Zhao H. Numerical investigation on non-steady-state filtration of elliptical fibers for submicron particles in the "Greenfield gap" range [J]. Journal of Aerosol Science，2017，114：263-275.

[171] Kaltenbach C，Laurien E. CFD Simulation of aerosol particle removal by water spray in the model containment THAI [J]. Journal of Aerosol Science，2018，120：62-81.

[172] Walton W, Woolcock A. The suppression of airborne dust by water spray [J]. International journal of air pollution, 1960, 3: 129-153.

[173] Fuchs N A. The Mechanics of Aerosols [M]. New York: Macmillan, 1964.

[174] Licht W. Air pollution control engineering: basic calculations for particulate collection [M]. New York: Marcel Dekker, 1980.

[175] Davenport II M, Perters L K. Field Studies of Atmospheric Particulate Concentration Changes During Precipitation [J]. Atmospheric Environment, 1978, 12 (5): 997-1008.

[176] Ma Q, Nie W, Yang S, et al. Effect of spraying on coal dust diffusion in a coal mine based on a numerical simulation [J]. Environmental Pollution, 2020, 264: 114717.

[177] Shu Y, Wei X, Fang Y, et al. Removal of sulfuric acid mist from lead-acid battery plants by coal fly ash-based sorbents [J]. Journal of Hazardous Materials. 2015, 286: 517-524.

[178] 常景彩，董勇，王志强，等. 燃煤烟气中 SO_3 转换吸收特性模拟实验 [J]. 煤炭学报，2010，35 (10): 1717-1720.